책 읽기보다 더 중요한 공부는 없습니다

엄마와 아이의 잠재력을 깨우는 독서 골든타임

책 읽기보다
더 중요한
공부는 없습니다

박은선 · 정지영 지음

다블북

함께 책 읽는 엄마, 같이 성장하는 아이

밤 10시 반, 조용히 노트북을 켭니다. 아이들이 모두 자는 고요한 밤이지만 엄마의 심장은 요란하게 뜁니다. 또래 아이를 키우는 엄마들을 만날 생각에 기대감이 가득합니다. 2주에 한 번, 온라인 화상 회의로 네 명의 초등 엄마가 모입니다. 나이도, 전공도, 성격도 다른 엄마들이지만 '책 속에 인생의 보물이 있다.'라고 믿고 있습니다. 책을 읽고 도란도란 이야기를 나눕니다. 책이 빛나는 밤에 사색이 오고 갑니다.

오해하지 마세요. 책 모임 엄마들은 대단한 독서가는 아닙니다. 평범한 엄마예요. 드라마, 예능을 즐겨보고 수다 떨기 좋아하는 보통의 아줌마입니다. 벽돌 책 읽기는 부담입니다. 수능에 나올 법한 고전 소설은 좀처럼 손이 가지 않아요. 한자가 가득한 책엔 진저리를 칩니다. 그래도 책은 정신적으로 단단한 사람을 만든다고 확신합니다. 하루에 십 분이라도 책을 읽고 싶은 마음은 간절합니다.

독서의 힘을 알기에 아이 교육의 중심엔 책이 있습니다. 아이에게 책이 평생의 벗이 되게 해주고 싶어요. 독서를 통해 우수한 성적을 받는 학생, 생각하는 어른으로 성장하길 바랍니다. 이제 막 공부가 시작되는 초등 아이를 둔 엄마들이기에 '어떻게 하면 아이에게 올바른 독서 습관을 만들어줄 수 있을까?'라는 고민이 큽니다. 모두 책육아에 욕심을 갖고 있지요. 그래서 초등 엄마 넷이 모인 우리의 책 모임은 기존의 독서 모임과는 조금 다릅니다. 하나의 책을 읽고 토론하는 건 여느 독서 모임과 비슷하지만, 책 이야기만 하지 않거든요. 육아와 아이의 학습 고민을 공유합니다. 요즘 초등 아이들 사이에 인기 있는 책, 학교 선생님과 상담한 이야기, 책육아 진행 상황과 고충, 아이의 취미와 꿈, 공부 습관 잡는 법 및 훈육 방법 등을 얘기합니다.

책 모임 시간 동안 담임선생님의 뒷담화, 극성스러운 아이 자랑은 들을 수 없습니다. 때로는 감성적으로, 때로는 비판적으로 책에 대한 의견을 각자 내놓습니다. 아이들 얘기가 나올 때는 서로에게 응원, 공감, 위로, 치유의 말을 합니다. 누구라 할 것 없이 옆집 사는 친구로서 상대방에게 열정, 도전, 성장의 조언을 아끼지 않습니다.

혼자라면 어려웠을 거예요. 함께였기에 매일의 엄마 독서도, 매일의 아이 독서도 가능했습니다. 해를 거듭할수록 책을 통해 성장하는 엄마와 아이를 발견합니다. 책으로 엄마의 내면이 단단해지는 만큼, 아이의 지식과 정서도 풍성해지고 있습니다. 엄마와 아이에게 독서는 일상이 되었습니다.

반 모임보다 책 모임을 추천합니다. 엄마들의 독서 모임은 물질적 과시욕 대신 지적 호기심이 넘치는 모임입니다. 불확실한 교육정보에 허우적대는 대신 비판적인 시각으로 교육정보를 취하는 모임입니다. 기 빨리는 피로도 높은 자리 대신 스트레스가 풀리고 에너지가 충전되는 모임입니다. 남의 아이에 대한 시기 대신 내 아이에게 집중하게 되는 모임입니다. 마음만 먹으면 누구나 엄마 책 모임을 할 수 있어요. 평범한 우리도 해냈는걸요.

이 책에는 실제 초등 엄마들의 책 모임에서 오갔던 토론 내용이 소개되어 있습니다. 책을 읽고 끝이 아니라 토론 후 육아까지 어떻게 연결할 수 있는지 경험을 통해 풀어놓았습니다. 또한 독서 모임의 운영 방법부터 책 선정, 토론, 발제, 실천 방법을 알려드립니다. 엄마들의 수다도 빼놓을 수 없지요. 엄마들의 수다 속에는 아이의 공부, 학교생활, 교육정보 등 다양하게 고민했던 사례를 실었습니다. 마지막으로 수년간 책육아를 하며 쌓은 책육아 노하우를 담았습니다. 책장을 넘기면서 네 명의 엄마가 책 모임을 통해 성장한 길을 고스란히 걷게 되실 거예요.

긴 육아 끝에 책 모임 시간을 기다리는 것만으로도 행복하니다. 함께 책을 읽으며 든든한 육아 동료를 만났습니다. 책보다 소중한 '사람'을 읽게 되었지요. 책 속에서 나를 이해합니다. 사람 속에서 삶의 지혜를 얻습니다. '우리'라는 이름으로 소신 있게 책육아를 이어가고 있습니다. 아이가 책으로 꿈을 찾아가는 것처럼 엄마의 꿈도 한 뼘씩 자라고 있습니다. 이렇게 비범하지 않은 엄마도 책을 쓰게 되었으니 말이지요. 지혜로운 엄마, 똑똑한 아이가 되어가는 중입니다. 이 좋은 걸 여러분도 동참하길 희망합니다.

반 모임 말고 책 모임, 함께 하실래요?

쉰 번째 엄마 책 모임을 마치고
박은선, 정지영

2부 | 엄마와 아이가 함께 성장하는 책 모임

3부 | 책 모임 엄마들의 책육아 실천 비법

1부

현명한 엄마의 선택은
책 모임

1장.

책을 좋아하는

아이로

키우고 싶은

보통 엄마들

책을 아이의 평생 친구로
만들 수 있을까?

✦ 내 아이가 책을 읽어야 하는 이유

인문계 고등학교 교실은 그야말로 입시 현장입니다. 중학교까지만 해도 공부에 관심 없던 학생들도 고1이 되면 어떤 대학을 가고 싶은지 입시 정보를 둘러봅니다. 아직 초등 아이를 키우고 있지만, 엄마 입장으로 짠한 마음이 들어요. 그러면서도 저도 모르게 학생들을 관찰합니다. 입시에 성공하는 학생들은 어떻게 공부하는지, 시간을 어떻게 쓰는지 등을 유심히 살핍니다.

어떻게든 최상위권 성적을 가진 학생들의 공부 습관을 따라 하면 내 아이도 좋은 성적을 받을 것 같습니다. 남들이 부러워하는 대학에 들어갈 확률도 높아질 것 같아요. 부푼 꿈을 가지며 날카로운 시선으로 학생들의 공부하는 모습을 매년 보고 있습니다.

엄마 세대에는 정확하게 암기하고 시험에서 높은 점수를 받으면 최상위권이었습니다. 하지만 요즘은 달라요. 학생부종합전형이라고 해서 입시에서는 내신 점수뿐 아니라 학생의 학업 태도, 적극적인 학교 활동, 과제에 대한 탐구심, 전공 적합성, 하물며 인성까지 대학의 평가 요소로 활용되고 있어요.

단편적인 지식 쌓기는 더는 입시에 유리하지 않습니다. 다양하게 사고하고, 깊이 탐구하고, 능동적으로 문제를 해결하는 학생이 입학사정관에 우수한 평가를 받는 건 당연합니다. 지식을 외우고 적는 내신 점수가 백 퍼센트가 아니란 의미입니다. 아이의 주도적인 공부 자세, 탐구 역량이 필요합니다.

그런 면에서 고등학교에서 입시에 성공하는 아이들은 공부를 위해 방대한 시간을 투자하는 것 이외에도 독서를 소홀히 하지 않습니다. 아니, 독서를 생활화합니다. 자식 교육에 욕심 많은 엄마이기에 쉬는 시간까지 학생들의 모습을 엿탐했습니다. 네, 그 아이들 손엔 늘 책이 있더라고요. 독서만 해서 공부를 잘한다고는 장담하지 못하겠습니다. 하지만 확실합니다. 공부를 잘하는 아이 중 독서를 하지 않은 아이는 없었습니다. 공부할 시간이 부족한 고등학생들에게도 말이지요.

교실의 학생들만 보고 내린 결론은 아닙니다. 교무실에는 이미 자녀를 대학생으로 키워낸 선배 엄마들이 많습니다. 결혼하기 전까지는 흘려들었는데, 아이가 태어나고 동료 선생님들의 아이 입시 결과와 공부법은 남 일이 아니었습니다. 유독 아이가 SKY나 의대에 들어갔다는 선배 선생님 얘기에 귀가 솔깃했습니다.

친절하게도 선생님들은 입시 성공의 노하우를 하나씩 가르쳐 주었습니다. 전공은 달라도 하나로 통하는 길이 있었습니다. 예상하셨겠지만, 예외 없이 독서였습니다. 자연계, 인문계를 불문하고 아이들은 하나같이 어려서부터 책을 꾸준히 읽었다고 했어요. 엄마가 부지런 떨어 도서관을 집처럼 드나들며 아이에게 책을 제공하거나, 사교육의 힘을 빌려 독서 논술 학원을 보냈다고 했습니다. 방법은 달랐지만, 책으로 통하는 길은 신기하리만치 같았습니다.

주변에서 모두 '아이가 책을 읽도록 하라.'라고 말하는데, 내 아이에게 책을 들이밀지 않을 이유가 없었습니다. 숙명이었습니다. 뚜렷한 이정표가 있는데 무시할 수 없는 노릇입니다. '아이의 독서는 절대 놓치지 말자.'라고 다짐했어요. 차곡차곡 아이의 독서 실력을 쌓아 공부에 확실한 보험을 들게 해주고 싶습니다.

✦ 공부를 넘는 독서의 효과

독서, 중요합니다. 입시를 위해서도, 인생을 위해서도요.

일반적으로 독서가 사고력, 창의력, 논리력, 문해력을 길러준다고 하지요. 글쎄요, 뜬구름 잡는 말을 떠나 독서는 그냥 입시의 평가 요소가 됩니다. 대학 간판을 무시할 수 없는 현실적인 대한민국 학부모로서 입시에서 독서가 중요한 이유는 분명합니다.

고등학생 학생부에는 학생들의 3년 동안 활동이 빼곡히 적혀 있습니다. 학생부종합전형은 학생부를 입시의 평가 항목으로 두는 대표적인 입시전형입니다. 학생부가 곧 시험 점수입니다. 학생부의 여러 항목에는 독서 이력이 유의미하게 적혀있습니다. 독서가 아이의 입시 결과에도 직접적인 영향을 미친다는 얘기입니다.

학생부의 항목 중 교과 세부 능력 및 특기 사항은 교과 선생님이 수업 활동에 대해 학생의 특징을 살려 개별적으로 적어줍니다. 수업 활동은 물론 아이가 어떤 책을 읽었는지, 무슨 보고서를 썼는지 등이 하나하나 적혀있어요. 예를 들어 같은 과학 수업을 듣고 보고서를 쓰는 활동이 있다고 가정할게요. 참고자료로 칼 세이건의 『코스모스』를 읽고 정리한 아이와 인터넷 검색에서 짧은 글을 활용한 아이, 이 둘의 보고서 내용은 보지 않고도 확실한 차이가 있으리라 짐작할 수 있습니다.

비교과 활동 중 진로활동에는 자기 진로를 어떻게 개척했는지 읽은 책을 빌려 역량을 보여줍니다. 동아리 활동도 마찬가지입니다. 활동과 관련 있는 책이 하나라도 적혀있는 아이가 독서 이력이 없는 아이보다 좋은 평가를 받으리라는 건 자명합니다.

핵심은 독서 권수와 제목에 있지 않습니다. 입학사정관은 학생이 수업을 통해 지적 호기심이 생기면 책이라는 매체를 통해 자발적으로 탐구활동을 했는지를 봅니다. 수업 중 '정의란 무엇인가'에 대해 배웠다면 문제의식을 품고 진정한 정의가 갖는 의미를 책을 통해 깊이 고민하고 적극적으로 사고했는지가 중요합니다. 책을 주체적으로 읽고 앎의 기쁨을 느끼는 태도를 보고 있습니다. 배경 지식, 사고력, 창의력은 부차적입니다.

2022학년도 대학별 자기소개서 작성 요령에 서울대학교에서는 '독서 활동 경험'을 필수 항목으로 선정하였습니다. 보통 자기소개서에는 고등학교 재학 기간 중 자기 진로와 어떠한 노력을 했는지, 타인과 공동체를 위해 노력한 경험을 씁니다. 두 문항 외에 서울대학교에서는 다음과 같이 독서를 강조한 문항을 더했습니다.

고교 재학 기간(또는 최근 3년간) 읽었던 책 중 자신에게 가장 큰 영향을 준 책을 2권 이내로 선정하고 그 이유를 기술하여 주십시오. (선정 이유는 단순한 내용 요약이나 감상이 아니라 읽게 된 계기, 책에 대한 평가, 자신에게 준 영향을 중심으로 기술)

'대학별로 다른 자율 문항...서울대, 독서 활동 경험 필수', 에듀진, 2021.07.16

갑자기 등장한 요구가 아닙니다. 서울대학교의 인재상에는 '독서하는 인재'가 지난 수년 동안 굳건히 자리하고 있습니다. '고등학생들이 공부할 시간도 없는데 독서할 시간이 어디 있어요?'라는 질문은 시대착오적인 발상이에요. 앞으로 입시는 독서를 떼려야 뗄 수가 없습니다.

　서울대학교를 비롯한 전 세계 유명 대학들이 독서를 강조하는 데는 까닭이 있습니다. 우리는 책을 통해 과거를 배우고 현재를 알고 미래를 설계합니다. 지식을 쌓고 아이디어를 창출하지요. 책을 통해 세상을 보는 혜안을 갖게 되고 인생의 길을 찾습니다. 내가 하지 못한 일을 저자의 경험을 빌려 만나게 됩니다. 의문에 대한 해답을 찾고 진보하게 됩니다. 인생에서 배워야 할 가치관을 형성하게 됩니다. 사색하는 지성인으로 성장하지요. 개인의 능력을 높이는 것은 물론이고, 사회에 쓸모 있는 사람이 되게 합니다.

　독서는 입시 공부에서 나아가 인생 공부가 되는 길입니다. 내 아이에게 독서는 필수입니다. 아이에게 평생의 친구를 책으로 만들어주고 싶습니다. 배움의 즐거움을 알게 하고 싶습니다. 앎의 짜릿함을 느끼게 하고 싶어요. 학교 공부도 잘하고, 인생 공부도 깊이 하는 사람이 되길 바랍니다.

꾸준히 책을
읽게 할 수 있을까?

✦ 독서에도 때가 있다

책 읽기는 힘듭니다. 나이만 든다고 두꺼운 책을 읽지 못해요. 고등학생이 되었다는 이유로 『데미안』, 『채근담』 등의 유명한 고전 작품을 소화하기 어렵습니다. 같은 나이여도 수준은 천차만별입니다.

학년마다 필독서가 존재합니다. 필독서는 제 학년의 수준을 나타내는 지표라고 할 수 있어요. 각 학년의 발달에 맞는 어휘력, 문장력, 사고력, 정서를 바탕으로 책이 정해집니다. 하지만 같은 또래라도 모든 아이가 필독서를 이해하기란 어렵습니다. 학교에서 똑같은 수업을 듣지만 모두 만점을 맞지 못하는 것처럼 말이에요.

아이가 고등학생이 되어 독서가 중요하다고 하니 필독서를 읽히려는데, 도저히 내용을 파악하지 못한다고 엄마들은 하소연합니다. 영어, 수학하기도 시간이 부족한데 국어는 발목을 잡고 독서까지 챙겨야 하냐며 암담한 심정이라고 해요. 독서 능력은 하루아침에 만들어지지 않기 때문에 괴롭기만 합니다.

계단 오르기가 건강에 좋다고 하루 만에 30층까지 오르기는 쉽지 않습니다. 독서도 그래요. 나이 숫자만큼 책의 페이지 수가 늘지 않습니다. 한층, 한층 쌓아 올린 독서 실력이 있어야 500쪽의 벽돌 책도 읽습니다. 고등학생 정도면 청소년 책 수준을 넘어 숙련된 독서가로 성장하며 어른의 책을 읽을 수 있습니다. 독서 역량이 충만한 아이라면 500쪽이 넘는 책도 한 호흡으로 꼭꼭 소화할 수 있습니다. 사실 이런 아이들은 교실에 몇 되지 않습니다.

아기였을 때만 해도 별 차이 없던 아이들입니다. 유치원에서 너도나도 비슷한 글밥의 그림책을 읽었어요. 초등 저학년 때까지만 해도 선생님이 읽어주는 동화책을 재미있게 즐겼습니다. 아이들의 독서 수준은 언제부터 이렇게 차이가 나게 되는 걸까요?

초등 시절 독서가 중요하다고는 하지만 매번 학원에 밀려납니다. 학원에 가서 수업 듣고, 학원 숙제하고 나면 아이들은 책을 읽을 시간이 없어요. 독서는 눈앞에 보이는 성적표가 없기에 자꾸 후순위로 밀리지요. 책은 점점 멀어집니다. 학년이 오르며 필독서의 두께는 자꾸만 두꺼워져요. 만만하게 읽었던 책은 어느덧 두려움의 대상이 됩니다. 긴 책을 읽어낼 만한 인내심도 부족하고 이해력도 부족해집니다. 스마트폰, 유튜브에라도 빠지면 진득하게 앉아 머리를 써야 하는 독서는 더더욱 힘에 겹지요.

유치원부터 고3까지 필독서가 있습니다. 방학만 되면 학교에서는 책을 읽으라고 해요. 선생님은 끊임없이 책의 유익한 점을 말하지요. 책이 중요하지 않다고 말하는 선생님은 전국에 한 명도 없습니다. 고3까지도 말이지요. 이쯤 되면 독서도 국, 영, 수만큼 필수과목 아닌가요? 수업 시간만 없다 뿐이지 독서를 권장하지 않는 학교는 없습니다. 학년에 맞춰 국, 영, 수에 신경 썼듯이 필독서에 맞게 독서 수준은 따라가야 합니다.

공부에도 때가 있다고 하지요. 독서에도 때가 있습니다. 어린 아이들이 성인으로 성장하며 독서도 하나의 필수과목으로 인식하며 독서 능력을 키워야 합니다. 중학생은 중학생 수준의 책을 읽고, 고등학생은 고등학생의 책을 읽을 수 있어야 해요. 독서 수준이 오르면 사고력, 독해력, 어휘력, 문장력도 늘어납니다. 숫자로 보이는 점수는 없지만, 학업을 닦을 수 있는 능력을 길러줍니다. 때에 맞는 독서는 고3까지 이어져야 합니다.

✦ 꾸준함이 답이다

똑똑한 초등 엄마들이 참 많습니다. SNS에 '초등 공부'라는 키워드를 검색하면 초등 아이의 공부하는 모습을 엄마가 사진을 찍어 올려둔 걸 심심치 않게 볼 수 있습니다. 아이가 매일 수학 문제집은 얼마만큼 풀었는지, 영어 단어는 무엇을 외웠는지 등 알차게 하루를 보낸 초등학생들이 눈에 띕니다.

코로나로 인해 온라인 수업을 실행한 결과입니다. 온라인 수업은 '공부는 결국 스스로 힘으로 해야 한다.'라며 자기주도 학습의 열풍을 몰고 왔지요. 학원에 의존했던 수동적 공부의 민낯이 드러나며, 주도적 공부 방법을 초등부터 기르겠다고 엄마들이 나섰습니다. 아이에게 공부에 대한 의지를 습관을 통해 심어주어 차후 공부의 효율성을 높이기 위해서 엄마들이 앞장선 겁니다.

초등 시절은 습관을 익히는 골든타임입니다. 아이들은 학교라는 사회에 속하며 규칙을 익힙니다. 교과 지식을 배우고 도덕성, 사회성, 책임감을 체득합니다. 집에서도 사회에 필요한 기초 습관을 가르치지요. 초등 시기에 형성된 습관은 아이의 앞으로 일상생활, 학교생활의 청사진이 됩니다. 자기주도 학습 습관을 잘 들인 아이는 따로 익히지 않아도 중·고등학교에 가서도 자연스럽게 공부합니다. 똑똑한 엄마들은 이 시기에 아이의 생활 습관, 공부 습관을 키우는 데 노력을 기울입니다.

독서도 마찬가지지요. 그래서 독서 습관이라는 말이 익숙합니다. 독서도 매일 하는 공부와 같아요. 초등 시절 자기주도 학습 습관을 공들여 들이듯 독서 습관도 매일의 힘으로 이어가야 합니다. 이 시기에 아이의 바른 습관으로 자리 잡아야 해요.

습관은 꾸준함의 결실입니다. 꾸준함을 이길 장사는 없습니다. 책 읽는 아이로 키우고 싶지 않은 부모가 어디 있겠어요? 독서 습관을 들이려고 몇 번 책을 펼쳐도 꾸준하게 이어 나가기란 어렵습니다. 하루도 빠짐없이 운동하겠다고 헬스장을 3개월 치를 끊어도 며칠 지나면 환불 계획을 세우고 있는 게 사람이니까요. 대신 해줄 수 있는 일도 아니고 아이까지 협조해주지 않으면 매일 끈기 있게 아이를 끌고 가기는 어렵습니다. 습관은 멀어져만 가지요.

뜨문뜨문 책을 읽든 매일 읽든 아이가 루틴대로 책을 읽지 않으면 고3까지 숙련된 독서가가 되기 어렵습니다. 장기적 전략이 필요합니다. 근력은 몇 달 만에 붙지 않습니다. 뛰고 뛰어야 근력이 생기듯 읽고 읽어야 독서 능력이 생깁니다.

아리스토텔레스는 "우리가 반복해서 하고 있는 행동이 바로 우리이다. 그러므로 탁월함이란, 행동이 아니라 습관이다."라고 말했습니다. 몸에 배어 있는 습관이 꾸준히 공부하고, 매일같이 책을 읽게 만듭니다.

육아의 중심에, 아이 교육의 중심에 책이 있기에 독서 습관을 정성스럽게 들이고 있습니다. 하지만 포기하고 싶은 마음이 들지 않았다면 거짓말입니다. 아이가 유아였을 때는 그저 책만 읽어주면 됐어요. 초등학생이 되니 불안한 마음이 스멀스멀 올라옵니다. 주변 아이 친구들을 보면 하나둘 대형 학원에서 수학, 영어에 힘쓸 때 독서를 하기란 솔직히 막막하기만 합니다. 굳은 마음으로 책육아를 선택했는데도 '나 때문에 아이 공부를 망치면 어쩌지?'라는 의심이 듭니다. 지금도 터널 속을 걷는 느낌입니다. 터널 끝에 찬란한 빛이 있으리라는 걸 알지만 초조한 마음은 어쩌지를 못하겠네요.

차라리
반 모임을 나갈까?

✦ 엄마의 정보력

초등 아이에게 독서가 전부라고 하지만, 눈을 감고 귀를 닫고 독서에만 매진하기는 또 다른 불안함이 밀려옵니다. 아이가 수업 시간에 선생님 말씀은 잘 알아듣고 있는지, 수학 실력은 평균 이하로 뒤처지지 않는지 걱정이 됩니다. 솔직한 심정은 이렇습니다. 다른 아이들은 어떤 공부를, 얼마만큼 하는지 궁금해요. 요즘 뜨는 학원은 어딘지, 꼭 풀어야 할 문제집은 무엇인지 알고 싶습니다.

아이이 성적을 위해 '엄마의 정보력, 아빠의 무관심, 할아버지의 재력'이 필요하다는 씁쓸한 얘기가 있는 것처럼 엄마의 정보력은 무시할 수 없습니다. 엄마가 교육 정보를 제대로 알아야 아이를 잘못된 길로 안내하지 않으니까요. 엄마가 수집한 고급 정보는 아이의 성적을 올리기도 하지만, 어설픈 정보는 아이의 입시를 망칠 수도 있습니다.

어느 정도 맞는 말입니다. 학부모 상담 주간에 학부모님들과 상담을 하다 보면 엄마의 잘못된 정보로 아이가 시간을 헛되이 쓰는 걸 볼 수 있습니다. 고1 학부모님이었는데요. 아이는 미술 전공을 바라는 아이였어요. 성적은 중위권이었습니다. 미술 전공은 최상위 대학을 제외하고는 수학 과목을 평가 과목으로 보지 않는 대학교가 많습니다. 중위권 학생이라면 원하는 대학을 선정하고 전략적으로 공부를 하는 게 더 입시에 유리하지요. 특히 수학 같은 경우는 단시간에 성적을 높이기 어렵기 때문입니다. 그런데 학부모님은 아이에게 수학 학원은 꼭 다녀야 한다고 매일 많은 시간을 수학에 할애하고 있었습니다. 상담해 보니 학부모님은 엄마 세대에 전 과목을 보던 입시 상황만 생각하고 지금의 입시전형은 하나도 몰랐습니다.

아이가 똑똑해서 알아서 잘 챙기면 좋겠지만, 아이는 경험 많은 엄마의 정보를 더욱 믿습니다. 엄마가 수학 점수를 올려야 미술학원을 보내준다고 하니 열심히 수학만 파고 있었습니다. 잘못된 정보는 소중한 아이의 시간을 갉아먹고 있었어요. 학부모님은 직장맘으로 평소 같은 반 다른 엄마들과 소통이 어려웠다고 말했습니다.

초등 아이들은 어떤가요? 엄마 정보력이 아이 교육 전반을 책임집니다. 아직 의사결정을 하지 못하는 아이들이기에 엄마의 입김은 강력하게 작용합니다. 초등 엄마인 저도 제가 잘하고 있는지 확신이 서지 않아 자꾸 두리번거립니다. 인터넷을 뒤져보고 SNS도 엿봅니다. 아무래도 내 아이에게 유익한 정보는 같은 학교, 같은 동네에 사는 아이에게서 나오지요. 비슷한 환경 속에 옆집 아이는 무얼 하는지 보면 바로 계산이 나오거든요.

다른 집 아이들은 열심히 공부하고 있는데 내 아이만 놀고 있으면 안 되니까요. 엄마의 뒤처진 정보력으로 내 아이만 방치되어 있으면 안 되니까요. 엄마가 땅을 치고 후회하거나 아이에게 원망을 듣고 싶지 않습니다. 또래 친구보다 월등히 높진 않더라도 어깨를 나란히 견주며 공부했으면 하는 바람은 당연한 엄마의 욕심입니다.

그래서일까요? 엄마 반 모임은 아이 학교생활에 필수가 되었습니다. 같은 반 아이들의 엄마끼리 모이는 반 모임은 학년이 바뀌는 해마다 생기고 있어요. 교육열 높은 엄마들이 모여 아이 교육의 정보를 나누는 소통의 장이 되지요. 유용한 정보를 수집해서 내 아이를 똑똑하게 키우고 싶은 엄마들이 하나둘 모입니다.

✦ 반 모임의 득과 실

아이가 초등학교에 들어가며 학부모가 된다는 설렘보다는 막중한 부담감이 앞섭니다. 아이의 공부를 이끄는 역할은 엄마가 하기 때문입니다. 3월에 하는 학부모총회는 꼭 참석해서 학교의 생태를 파악해야 해요. 아이 학교의 시시콜콜한 정보를 놓칠 수 없습니다. 하지만 학부모총회 참석의 가장 큰 목적은 선생님을 만나기 위함도 있지만, 엄마들과의 만남에도 있습니다. 학부모총회를 필두로 반 모임이 만들어지거든요.

반 모임은 내 아이와 같은 반 친구들 엄마들의 모임입니다. 주변 학원 정보, 최근 교육 트렌드, 학교 행사 등 다양한 정보를 얻을 수 있어요. 일이 바쁜 직장맘도 어떻게든 시간을 내어 반 모임에 참석하려 합니다. 혹시 나만 정보를 놓치지 않을지, 내 아이만 소외되는 건 아닐지 염려스러운 마음 때문이에요.

한 반의 엄마들이 모두 친해질 수는 없지만, 마음 맞는 엄마들끼리는 서로 집에 오가며 깊은 관계가 됩니다. 아이의 생일 파티를 함께 하고 놀이터도 함께 다니죠. 방학 동안 그룹을 지어 박물관 체험, 미술관 관람도 같이 다닙니다. 점심도 함께하고 커피 타임도 즐기지요.

깊은 관계가 되기도 쉽지 않지만, 잘 만나는 사이도 매번 좋지만은 않습니다. 아이끼리 알게 모르게 비교가 되거든요. 점심을 같이 먹다가도 아이의 친구가 골고루 잘 먹기라도 한다면 편식하는 내 아이가 미워 보입니다. 학교에서 하는 줄넘기 인증제에서 내 아이가 동상을 받는다면 금상을 받은 아이 친구가 마냥 부러워 보이기만 합니다. 하물며 공부는 어떻겠어요. 영어 공부를 비슷한 시기에 시작했는데 원어민과 술술 대화가 통하는 아이 친구를 보면 애먼 내 아이만 잡게 됩니다.

'극한직업 초등 1학년 학부모, 반 모임 꼭 나가야 하나요?'
'잦아지는 학부모 모임, 나도 혹시 진상 엄마?'
'초등 엄마들의 모임, 어디까지 쫓아가야 하나요?'

봄이 되면 뉴스에서 쏟아지는 반 모임에 관한 불편한 기사 제목이 낯설지 않습니다. 교육정보를 얻고 육아 동지를 만들고 싶었던 순수한 마음은 상처받고 말지요. 눈치 없이 아이 자랑하는 엄마, 남편 연봉을 들먹이며 은근슬쩍 으스대는 엄마, 아무렇지도 않게 나의 외모를 지적하는 엄마, 지나치게 사적인 연락을 자주 하는 엄마 때문에 더는 반 모임에 나가고 싶지 않습니다.

반 모임은 기업의 이익을 위해 모인 회사도, 나의 친분을 위한 사교 모임도, 공통의 취미로 모인 동아리 모임도 아닙니다. 어쩌면 내 아이 하나만을 위해 모인 모임이라고도 할 수 있어요. 대부분 반 모임에 모인 엄마들의 최고 목적은 아이의 슬기로운 학교생활과 정보 교류에 있습니다. 그렇기에 내 사생활까지 불쑥 파고들거나 육아 성향이 맞지 않으면 어울리기 쉽지 않은 게 사실입니다. 인간관계이기에 각기 다른 성격 때문에 오는 스트레스도 만만치 않고요.

분명 반 모임에서 얻는 정보는 살아있는 정보입니다. 동네에 어떤 영어 학원이 좋은지, 영재반 준비를 위한 수학 학원은 어디가 좋은지, 다른 학교에서는 어떤 교육활동에 중점을 두는지 등 자세한 정보는 알음알음 동네 엄마들 입에서 나옵니다. 그리고 같은 나이의 아이를 키우며 엄마로서 겪는 육아 고충도 풀 수 있지요. "우리 집 애는 스마트폰을 너무 많이 봐, 자기네 아이도 그래?"라며 서로 동조하고 불안을 잠재우죠. 서로 조언도 해주고요.

순기능만 있다면 얼마나 좋을까요. 적극적으로 나서서 반 모임을 만들고 이끌고 싶은 심정입니다. 그렇지만 아이를 매개로 불특정 다수로 모인 모임이기에 조심스럽습니다. 엄마 자신은 물론 다른 집 아이와의 비교는 피할 수 없습니다. 민감한 관계이지요. 득보다 실이 많은 반 모임입니다.

반 모임의 좋은 점만 취할 수 없을까요? 내가 미처 몰랐던 학교 행사와 교실 생활 이야기를 알면 좋겠습니다. 만남은 학원 정보, 독서 정보, 꼭 필요한 생활 정보를 교류하는 만남이었으면 합니다. 육아 고민을 나누며 서로에게 위안이 되는 관계면 더할 나위 없습니다.

아이와 엄마를 위한
책 모임은 어떨까?

✦ 혼자서는 불안한 엄마 마음

강남에 살고 있지 않지만, 저는 교육열 넘치는 엄마입니다. 아이가 책 읽는 어른이 되었으면 좋겠고 공부도 잘하기를 바랍니다. 발로 뛰는 열혈 엄마는 되지 못해서 학원가를 들쑤시지는 않았습니다. 사교육보다 책의 힘을 더 믿어서 그랬는지 모르겠습니다. 반 모임에서 정보를 주기보다 받기를 바랐습니다. 저와 비슷한 엄마가 있다면 '잘하고 있어요.'라며 격려받고 싶었나 봅니다. 사적으로 친해질 의사도 있었지요.

코로나로 인해 브런치 카페마다 인산인해를 이루었던 엄마들은 보기가 힘들어졌습니다. 반 모임은 하나둘 사라졌습니다. 길 가

다가 인사만 하던 엄마들도 마주치기 힘들어졌어요. 고대하던 학부모총회는 온라인으로 바뀌어 대면으로 아이 친구의 엄마를 만난 적이 없습니다. 차라리 잘 되었다 싶다가도 아쉬운 마음이 듭니다.

'나 잘하고 있나?'라는 질문을 하루에 수십 번 속으로 되묻습니다. '아이에게 창작 책만 읽혀도 될까?', '독후활동을 하나도 하지 않아도 될까?', '수학 문제집은 디딤돌 기본부터 해야 하나 응용부터 해야 하나?', '태권도 학원은 꼭 다녀야 하나?', '영어책은 반복해서 읽는 것이 좋지 않을까?', '아이가 엄마에게 말대꾸하는 건 어떻게 고칠까?' 등 어느 것 하나 확신 없이 괜한 인터넷만 뒤지고 있습니다.

궁금한 사항을 치면 인터넷에는 정보가 넘쳐났어요. 하지만 내가 원하는 뚜렷한 답을 찾기 어려웠습니다. 내 아이에게 꼭 맞는 교육법은 수학 문제처럼 똑 떨어지는 정답이 없으니까요. 내비게이션처럼 정확한 길을 알려주면 좋으련만 내 아이만을 위한 로드맵은 찾기 힘들었어요. 어디 물어볼 곳이라도 있으면 좋으련만 막막한 심정입니다. 책을 읽으면 나아질까요?

자녀교육서를 독파하기 시작했습니다. 초등 교육 전문가들은 어떤 부분에 힘을 주어 말하는지 궁금했습니다. 제가 예상한 바와 같이 많은 초등 자녀교육서에서 '독서는 중요해요.'라고 강조하고 있었습니다. '독서 습관을 놓치지 말아야 한다.'라고 말하지만, 저자마다 실천 방법과 노하우는 달랐습니다. '그 집 아들이니깐 가능하겠지, 우리 집과는 달라.'라는 생각이 드는 책도 많았어요. 나와 내 아이에게 맞는 자녀교육 방법은 무엇일지 저자에게 상담이라도 받고 싶었습니다.

불안한 마음은 여전합니다. 엄마가 처음이라 더 그렇습니다. 내 인생이 아닌 아이 인생이 달린 문제라 더 안절부절못합니다. 의지할 곳이 필요해요. 그나마 비빌 언덕인 자녀교육서도 누군가와 얘기를 나누며 확신을 얻고 싶습니다. 저자와 상담은 하지 못할망정 나와 비슷한 엄마들의 생각은 어떤지 알고 싶습니다. 그러면 내 아이와 맞는 교육법을 조금이나마 찾지 않을까요?

✦ 엄마의 독서가 필요한 이유

독서를 강조한 많은 자녀교육서에서는 아이가 책을 읽게 하려면 엄마가 책 읽는 모습을 보여주라고 했습니다. 부모는 자녀의 본보기가 되어야 한다고 말이에요. 네, 아이의 독서만큼 엄마의 독서도 필요합니다.

아이들은 책보다 유튜브를 좋아합니다. 엄마도 유튜브가 재밌습니다. 요리할 때, 교육 흐름을 읽고 싶을 때, 마음의 위로를 받고 싶을 때도 유튜브를 켭니다. 영상은 즉각적으로 만족감을 선물합니다. 빅데이터로 이어지는 영상들을 보고 있노라면 두어 시간이 훌쩍 넘기는 것도 일상이 되지요.

아이에게 책이 좋은 만큼 어른에게도 독서가 필요하다는 걸 알지만 실천하기는 어렵습니다. 어른인 나에게 누가 강요하지도 않고 시험도 없으니까요. 책을 읽지 않는다고 아무 일도 일어나지 않습니다. 유튜브나 인터넷을 통해 원하는 정보를 신속하게 받는데 굳이 책을 읽어야 할 이유가 없어요. 종일 유튜브만 봐도 볼 게 넘칩니다. 우리나라의 성인 열 명 중 절반 이상은 일 년 내내 책을 한 권도 읽지 않습니다. 일이 바빠서, 스마트폰 보느라 책 읽을 시간이 없습니다. 읽어야 할 이유도 동기도 없습니다.

평소 책을 읽지 않았던 엄마도 자녀교육에 열을 올리며 책을 읽게 됩니다. 제가 그랬습니다. 아이를 어떻게 교육해야 할지 몰라 막막할 때 옆집 엄마의 '~하더라' 식의 정보보다 정확하고 전문적인 정보는 책에 있으니까요. 책은 엄마의 마음가짐, 언어 습관, 생활 습관, 육아 방법까지 친절하게 알려주고 있습니다. 천천히 생각하며 읽는 정보는 빠르게 전환되는 영상에 비할 게 못 되지요.

자녀교육서만 읽어도 변하는 저를 발견했습니다. 물론 자녀교육서만 읽자는 건 아니에요. 문학, 인문, 자기 계발, 예술 등 다양한 분야의 책을 읽으면 엄마가 변합니다. 독서의 효과는 비단 아이에만 유효하지 않습니다. 어른도 아이처럼 독서를 통해 성장합니다.

아이들은 독서로 인해 어휘력이 신장 된다고 하지요. 엄마도 책을 읽으면 어휘력이 발달합니다. 이미 알고 있는 어휘로 일상 대화가 가능하지만 같은 표현이라도 풍부한 어휘를 쓰게 됩니다. 엄마의 어휘는 분명 아이에게 긍정적인 영향을 미칩니다. 독서가 생활화된 엄마는 말속에서 어휘가 다양하게 나오고 아이에게 양질의 언어 자극이 되지요.

독서는 아이도 엄마도 생각하는 사람이 되게 합니다. 책 읽기는 사고의 과정이지요. 습관처럼 책을 읽으면 생각은 생각을 불러일으킵니다. 영상만 즐겼을 때와는 다르게 엄마의 생각은 깊어집니다. 아이와의 대화도 달라지지요. 엄마는 단답형의 질문이 아닌 아이의 생각을 묻는 열린 질문을 하게 됩니다.

책을 읽는 엄마는 내면이 단단해집니다. 우리 엄마들, 아이 때문에 얼마나 노고가 많은가요? 엄마에게는 쉼이 필요합니다. 깔깔 웃으며 봤던 유튜브 영상은 어느새 피식거리는 허탈한 웃음만 남는다는 걸 느껴보셨을 거예요. 뒤돌아서면 뭔가 허전한 느낌입니다. 반면 천천히 책을 읽으면 주인공과 나의 삶이 오버랩되며 나의 상황, 감정, 생각이 투영됩니다. 책 속의 인물에 공감하고 위로받게 되지요. 앞으로 어떻게 살아야 할지 다짐도 하게 됩니다. 속이 꽉 찬 엄마로 성장합니다.

독서는 여유 있는 엄마로 만들어줍니다. 바빠서 책 읽을 시간도 없는데 짬 내어 읽는 책이 여유를 만들어준다니 아이러니합니다. 그런데 책을 읽어보니 일겠습니다. 바쁜 일상에 여유를 찾고 싶을 때 책장을 펼치거든요. 책을 읽으면 회사일, 집안일, 시댁일 등 머리 아픈 일이 생각나지 않아요. 아이 교육에 집착했던 마음도 한

걸음 뒤로 물러서게 합니다. 책은 휴식이 되지요.

책은 어른, 아이 할 거 없이 공평하게 지혜를 선사합니다. 하지만 아이의 독서 습관을 들이기 힘들 듯 나를 위한 독서는 저절로 되지 않습니다. 바쁜 일상에 노력과 의지가 필요해요. 저도 바쁘다는 핑계로 빼먹기 일쑤거든요. 책을 읽고자 하는 의지는 있었지만, 우선순위에서 독서가 밀리는 날이 점점 늘었습니다. 옆에서 채찍질해주는 사람이라도 있으면 좋을 것 같았어요. 독서의 중요성을 뼈저리게 느끼는 초등 엄마로 지내며 아이도 엄마도 독서를 지속할 수 있는 방법은 없을까요? 아이의 공부 고민, 저의 육아 고민까지 들어주는 사람이 있다면 금상첨화입니다.

✦ 책으로 만난 초등 엄마 모임

고등학교에는 대학교처럼 동아리가 있습니다. 수업 시간에 하는 필수 동아리이지만 학생들이 자발적으로 만든 모임이에요. 동아리 주제는 아이들의 관심사에 따라 다릅니다. 로봇 탐구 동아리, 간호 사랑 동아리, 시 낭독 동아리, 시사 토론 동아리, 화학 실험 동아리 등 다양해요. 동아리는 관심사가 맞는 사람 간의 만남입니다. 공감대 형성이 바탕에 깔려 있습니다. 공통 관심의 주제에 대해 함께 탐구하고 경험하는 계기가 됩니다. 주기적인 만남을 통해 꾸준히 공부하는 원동력이 되지요.

어떤 모임이든 지속되기 위해서는 공감대가 필요합니다. 책 쓰기 모임은 책을 쓰는 사람들이 모였기에 수평적인 관계에서 오로지 책 쓰기 방법과 고충에 대해 말합니다. 뜨개질 모임에선 뜨개질을 좋아하는 사람들이 모여 도안을 공유하고 뜨개 작품 만들기에 집중하면서 가벼운 사담을 나누며 우정이 쌓입니다.

엄마 모임도 공통의 관심사를 중심에 두고 이루어진다면 잡담만 오가는 반 모임보다 유익할 거예요. 동아리처럼 말이지요. 사람 간의 네트워크는 서로 공감대가 형성될 때 더욱 깊어질 수 있습니다. 개인적인 욕심보다 공통의 관심사로 지향하는 바가 같다면 원만한 관계가 이어지기 쉽습니다. '학부모'를 위한 모임이기에 우리의 공통 관심은 아이 교육입니다. 그 중심에 '책'을 두는 건 어떨까요?

'초등 엄마 책 모임'을 힘주어 추천합니다. 책 모임은 불특정 다수가 단지 아이가 반이 같다는 이유로 모이는 네트워크가 아닙니다. 은근한 미모 경쟁, 남편의 스펙 비교는 찾아볼 수 없습니다. 담임선생님의 뒷담화, 극성스러운 아이 자랑질은 듣기 어렵습니다. 책 모임에서 공통의 관심사는 책입니다. 초등 엄마들이 함께 엄마의 책을 읽고 이야기를 나눕니다. 책을 매개로 사색이 오갑니다.

초등 엄마 책 모임은 일반 독서 동아리와 같이 책을 읽고 토론하는 과정은 비슷하지만, 다른 점이 있습니다. 초등 엄마 책 모임은 초등 아이를 키우는 학부모가 모였습니다. 책 이야기만 하는 것도 좋지만, 아이 이야기가 빠지지 않습니다. 육아 얘기를 허심탄회하게 합니다. 아이가 읽을 책, 독서 습관 들이는 방법, 학교생활의 어려움 등 다양한 육아 고민을 털어놓는 시간을 가집니다.

책 모임을 하고 난 후 왜 반 모임에 적응하지 못하고 겉도는 이유를 찾았습니다. 교육 가치관이 맞지 않아서예요. 반 모임에 나온 엄마들의 대부분은 책을 1순위에 두지 않았습니다. 아이들을 하루에도 서너 군데 학원으로 보내기 바빴어요. 아이의 학원 이야기가 대화의 반을 차지했습니다. 공감하기 어려웠습니다. 그러면서도 학원 얘기에 귀가 솔깃했던 건 사실입니다. 제 교육 가치관까지 흔들흔들해지더군요. 엄마로서 소신을 지키기 위해선 반 모임을 나와야 했습니다.

반대로 책 모임의 엄마들은 교육 가치관이 비슷합니다. 모임의 기둥이 책이기 때문이에요. 아이의 인생에도 책, 엄마의 인생에도 책을 빼놓을 수 없습니다. 수십 년을 알고 지낸 친구는 아니지만, 책 하나로 공감대가 형성됩니다. 반 모임에 대한 미련은 없습니다. 책 모임의 회를 거듭할수록 만남의 시간이 기다려집니다. 아이와 엄마의 성장은 자연스럽게 따라오지요.

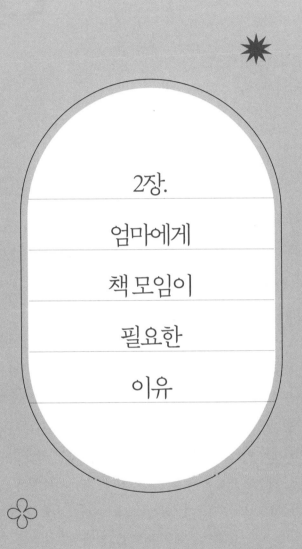

2장.

엄마에게

책 모임이

필요한

이유

함께여서 든든한
초등 엄마들

✦ 육아 동지 연대의 힘

비슷한 또래의 초등 아이를 둔 네 명의 엄마가 모였습니다. 책 모임을 한지 어느덧 3년이 되어갑니다. 지나온 날보다 앞으로의 날이 기대됩니다. 같은 반 아이 엄마로 호프집에서 만났다면 3년을 이어올 수 있을지는 의문입니다.

책 모임에서는 2주에 한 권씩 책을 읽어요. 책 이야기뿐 아니라 아이 이야기도 나눕니다. 아이 이야기는 저절로 엄마 이야기로 이어지지요. 대부분 시간을 책 토론으로 할애하는데, 신기하게 어느 책을 만나도 '나는 엄마로서 잘하고 있을까?'라는 물음에 닿습니다. 지금 엄마라는 중요한 직책을 가져서 그렇겠지요.

엄마들은 지쳤습니다. 집안일도 해야 하고 아이 공부도 봐줘야 해요. 아이를 위해 해야 할 일은 산더미처럼 쌓여있습니다. 집안일 이야 몸으로 때우지만, 아이 공부엔 갈팡질팡합니다. 불안한 마음을 다잡고 아이에게 좋다는 건 다 해주고 싶어요. 엄마가 코치를 자처하며 아이를 이끌고 가지요. 엄마가 리드하는 대로 따라와 주면 좋으련만 아이는 협조해주지 않습니다. 내 마음 같지 않은 아이 때문에 속이 상해요. 소리 지르며 혼을 내기도 합니다. 다시금 밀려오는 후회는 엄마를 죄책감이 들게 합니다.

매일 엄마로 살며 나를 잃어버린 것 같은 느낌도 듭니다. 엄마의 우울한 마음을 숨기고 싶지만, 눈빛으로 말로 나오기 마련이지요. 친정엄마도, 남편도 나의 마음을 알아주지 못합니다. 속으로 삭이며 내일을 맞이해요. 아이가 유치원을 지나 학교만 가면 끝날 줄 알았던 양육 스트레스는 공부까지 더해져 더욱 머리가 아파집니다. 아이가 잘 자라길 바라는 엄마의 순수한 마음은 여전한데 말이죠. 속 시원히 얘기할 곳이라도 있으면 좋겠습니다.

우리는 친구와 수다만으로도 마음의 위로를 받습니다. 내 감정에 공감해주는 상대의 말에 치유를 경험하지요. 그런데 어릴 적 친구도 다른 동네에 살면서 서로 교육하는 방향이 달라지니 아이 얘기를 터놓기 어렵더라고요. 주말까지 학원에서 빽빽하게 시간을 보내는 아이와 집에서 독서, 공부를 하는 제 아이는 완전히 딴 세상이니까요. 엄마로서 역할도, 교육관도 같을 수 없어요. 20년 넘는 친구라도 제가 '오늘 우리 애가 책을 끝까지 안 읽어서 속상해.'라고 말하면 어떤 대답도 해주지 못합니다. 아이가 잘되길 바라는 마음은 같지만, 친구와 저는 가는 길이 다릅니다.

그런 면에서 책 모임으로 만난 엄마들은 육아 마음이 통합니다. 같은 길을 걸어가고 있습니다. 누가 조금씩 앞서가는 건 중요하지 않아요. 우리는 같은 버스를 타고 가는 육아 동지입니다. 20년 지기 친구는 고속열차를 타고 가고 있을지도 모르겠네요. 결국 다다르는 종착점은 하나입니다. 같은 버스 안에서 같은 처지로 서로의 마음은 더욱 이해하기가 쉽습니다. 버스에서 서서 가든 앉아서 가든 서로가 속속들이 알고 있지요. 제가 엄마로서 마음을 챙길 곳은 버스 안입니다.

든든한 초등 엄마들입니다. 책 모임 엄마들을 만나면 아이를 키우며 불안한 마음, 죄스러운 마음, 외로운 마음이 조금씩 사라집니다. 20년 지기 친구만큼 내 속살까지 본 사람들은 아니지만, 누구보다 초등학생이 된 내 아이의 상황에 대해 진심 어린 조언을 해줍니다. '완벽할 필요 없어요.', '잘하고 있어요.', '덕분에 아이가 책을 좋아하잖아요.'라며 내 마음에 꼭 맞춘 위로의 말을 건넵니다.

2주에 한 번씩 마음 에너지를 충전하고 있습니다. 독서 토론이 목적이었는데 마음도 챙기는 시간이 됩니다. 평온한 엄마 마음은 아이에게도 따뜻하게 닿습니다. 아이의 양육도 순조롭습니다. 연대의 힘은 실로 놀랍습니다.

✦ 매일 이어가는 책육아

아이에게 독서는 필수불가결합니다. 잘 알고 있습니다. 엄마는 아이가 어떻게든 하루에 한 권이라도 책을 읽었으면 하는 바람이에요. '어떻게 하면 책을 좋아하게 할 수 있을까?' 부담이 되기도 합니다. 아이가 스스로 읽어줬으면 하는데 엄마 마음처럼 행동하지 않아요. '고심 끝에 유명 전집을 들였는데 아이가 관심조차 두지 않아요.', '책 보자고 하면 나가자고 해요.', '동영상이나 게임만 봐요.', '책은 싫어하는 것 같은데 책육아는 엄두도 내지 못해요.'라며 엄마들은 손사래를 칩니다.

아이가 아기 때부터 책과 함께 자랐어도 초등학생이 되니 참 어렵습니다. 학년이 오를수록 바쁜 일정에 책 읽을 시간은 점점 줄어듭니다. 스마트폰에 빠져, 게임에 홀려 책은 지루한 종이 쪼가리가 되지요. 반대로 책 읽기를 강요해 아이에게 책에 대한 반감만 생기기도 합니다. 책 읽는 주인공은 아이인데 엄마만 발을 동동 구르게 됩니다. 아이가 책은 들고 있지만 딴짓만 하고 있습니다.

책육아를 하는 엄마의 일상도 순탄치 않습니다. 엄마의 몸과 마음이 지치면 책을 읽어줄 여력이 없습니다. 아이는 책 읽기를 건너뛰는 날이 많지요. 스스로 책을 읽지 않은 모습에 불만 섞인 감정을 내비치기도 합니다. 고민하고 아이를 살핍니다. '오늘은 잘한 걸까?'라는 의문이 들어요.

엄마 책 모임에서도 책육아 수다가 끊이질 않습니다. '우리 아이는 왜 학습 만화책만 읽을까요?', '한 달째 같은 책만 읽어도 되나요?', '독서감상문을 쓸까요, 말까요?', '책을 눈으로만 대충 읽는 것 같아요.' 등 사소한 질문부터 심각한 걱정까지 가지각색의 고민이 쏟아집니다. 아이의 책 취향, 독서 습관, 책 수준까지 격의 없이 얘기를 나눕니다.

독서가 아이 초등 교육의 우선이라는 마음은 모두 한결같습니다. 그래서 서로 솔직한 해답을 제안합니다. 책 모임 아이들의 독서 상황을 속속들이 알기 때문에 가능한 일입니다. 아이가 독서 실천을 잘하고 있는지 의무적으로 말하자고 한 건 아니에요. 아이의 독서 습관에 대한 고민을 나누다 보니 내 아이처럼 다른 집 아이의 독서 상황을 훤히 알게 됩니다. 서로 내 아이 같기에 진정한 도움을 줄 수 있습니다.

아이 이야기를 하다 보면 '책육아가 나 혼자만 힘들지 않구나.' 라고 위로를 받습니다. 잘하고 있다고 토닥거리게 됩니다. 아이와 엄마의 컨디션에 따라 매일 독서를 실천하기란 쉽지 않지만, 책육아를 하겠다는 일념으로 서로에게 파이팅을 외칩니다.

책육아 뿐이겠어요. 소소하게 궁금한 얘기부터 마음 깊숙이 숨겨둔 고민도 내놓게 되더라고요. 학부모 상담 주간에 선생님께 어떻게 말해야 하는지, 새 학년이 시작되면 아이에게 꼭 일러둬야 할 주의사항은 무엇인지, 아이에게 어떤 칭찬이 효과적인지 등에 관해 대화합니다. 옆집 언니처럼 진지하게 들어주고 경험에서 나오는 조언을 하나둘 꺼내 놓습니다. 혼자라면 끙끙 앓았을 아이 문제도 함께 고민합니다. 아이가 학교에서 학교 폭력 피해자가 될 뻔했던 일, 갑자기 찾아온 이상행동에 엄마들은 제 일처럼 마음을 아파하고 아이를 걱정했어요.

엄마 마음은 늘 초조합니다. 고민이 많습니다. 책육아도 아이 교육도 엄마의 진정된 마음으로 이어 나갈 수 있습니다. 의지하는 사람이 있다면 마음이 편해집니다. 서로 같은 곳을 바라보고 마음이 통하면 힘든 육아도 할 맛이 납니다. 함께 가면 멀리 갈 수 있습니다.

꾸준한 모임으로
지속 가능한 독서

✦ 온라인 모임의 재발견

무슨 모임이든 효과를 가지려면 일정 기간 지속되어야 합니다. 한두 번 만나고 헤어질 모임은 아무 의미가 없지요. 일회성 반 모임이 실망스러운 연유이기도 합니다. 정기적으로 고정된 모임 시간이 있어야 지속이 가능합니다. 코로나 시국에 사람 만나기도 어려운데 어떻게 사람을 만날까 싶으시죠? 코로나 때문에 전화위복의 기회가 찾아왔습니다.

코로나로 인해 반 모임은 한산해졌지만, 독서 모임은 더욱 활발해졌습니다. 온라인을 통해서입니다. 어색했던 온라인 만남은 이제 일상이 되었습니다. 학교 수업은 물론 도서관 강연, 도서관에서의 독서 모임까지 모든 것이 온라인으로 가능해졌습니다.

오전에 카페에서 만나던 반 모임은 직장맘들은 참석하기 쉽지 않았습니다. 연차라도 내서 저녁에 반 모임에 참석해도 어린 둘째 때문에 제대로 있지도 못하고 집으로 돌아와야 했습니다. 대면 만남은 여러 사람의 시간을 맞추기 힘들었어요. 커피 비용, 맥주 비용 등 탐탁지 않게 들어가는 경제적 부담도 무시할 수 없었습니다.

그마저도 코로나로 인해 대면 만남은 대부분 사라졌습니다. 엄마들은 온라인으로 하나둘 모이기 시작했지요. 우리의 책 모임도 온라인 공간이 만남의 카페가 되었습니다. 아이를 재우고 밤 10시 반이면 모임이 시작됩니다. 누구의 방해도 받지 않지요. 소란스러운 소음도 없어요. 이어폰을 귀에 꽂고 오로지 엄마들 얘기에 집중합니다. 직장맘이든 주부든 온라인 화상 회의에 접속만 된다면 언제, 어디서든 만날 수 있습니다.

온라인으로 독서 토론을 하다 필요한 정보가 있으면 공유 화면을 띄워 정보를 나눕니다. 읽은 책 외에 연계해서 읽어볼 만한 책, 저자의 유튜브 인터뷰 등을 공유해요. 또한 박물관, 도서관에 특별한 프로그램이 있다며 링크를 공유하지요. 필요한 정보를 한 번에 모두 볼 수 있어 유용합니다.

온라인 모임이 처음부터 익숙하진 않았어요. 그래도 사람은 만나서 얘기하는 게 자연스러운 일상이었으니까요. 하지만 몇 번 하다 보면 친분이 쌓이고 대화가 물 흐르듯 흘러갑니다. 시간, 장소

제약이 없어 오히려 모임에 활력이 돋습니다. 2주마다 만남을 꾸준히 할 수 있었던 까닭도 온라인 모임에 있습니다.

대면 모임이었다면 엄마들 모두가 2주에 한 번씩 만나기는 어려웠을 것 같아요. 모임은 지속되었겠지만, 온라인 모임보다 빠지는 횟수가 더 많았을 겁니다. 한 번 빠지면 다음에 빠지는 일도 쉬워지는 법이지요. 학교처럼 누가 강제한 일이 아니잖아요. 본인의 의지가 앞서야 모임에 매번 출석하는 일이 가능해집니다. 온라인 모임은 시간이 안 맞아서, 장소가 마음에 안 들어서 의지가 꺾이는 법이 없습니다.

이제는 습관이 되었습니다. 2주가 지나면 당연히 모임이 있는 날로 인지하고 있어요. 다음 모임 날짜는 무의식 속에 이미 프로그래밍 되었습니다. 하지 않으면 허전합니다. 관성으로 모임에 임하게 됩니다.

✦ 책 읽는 엄마 밑에 당연하게 책 읽는 아이들

집안 곳곳에는 엄마의 책이 뒹굴고 있습니다. 아이는 엄마의 책에 관심을 가집니다. 무슨 책이냐고 꼭 물어요. 아이가 이해하지도 못할 책이지만 자세히 설명합니다. 제 책을 읽으면서도 아이에게 보여주고 싶은 부분이 있으면 함께 읽고 얘기를 나눕니다. 책에 관한 관심과 대화가 특별하지 않습니다.

책 모임 덕분에 엄마는 매일 책을 읽습니다. 책을 읽어야만 합니다. 독서 모임에서 토론 하기 위해선 책을 완독하는 게 예의이니까요. 바쁜 일상에도 독서를 소홀히 할 수 없습니다. 일이 바쁘고 몸이 안 좋은 날은 독서가 귀찮기도 해요. 그래도 한쪽만이라도 책을 습관처럼 읽습니다.

매일 책을 읽는 엄마를 아이들은 눈에 불을 켜고 관찰합니다. 부모님이 하는 건 모두 따라 하고 싶은 아이들이지요. 부모는 아이의 거울이란 말이 있습니다. 아이들은 부모의 행동, 말투, 어휘, 표정까지도 닮습니다. 부모가 책을 가까이하고 읽는 모습을 본 아이들은 부모처럼 책에 대해 호감을 느낍니다.

그렇지만 아이가 그림처럼 반듯하게 앉아 책을 꼭꼭 씹으며 읽지는 않습니다. 아이에게 독서가 습관이 된 건 사실이지만 자세에선 자유분방함이 묻어납니다. 아이에게 바른 자세를 강요하며 40분 내리 책을 읽으라고 강요한 적도 있었어요. 제가 매일 책을 읽어보니 깨달았습니다. 아이가 어떤 심정으로 책을 읽는지를 말이에요. 저도 40분을 진득하게 앉아 독서하기란 힘이 듭니다. 매일의 모든 독서 시간에 집중만 하지 않아요. 읽다가 다른 생각이 들면 다시 앞 페이지로 넘어갑니다. 아이의 자세가 왜 틀어지는지, 왜 책장이 잘 넘어가지 않는지, 왜 자꾸 화장실을 들락거리는지 이해하게 되었습니다.

아이의 독서 고충을 공감하는 만큼 독서의 가치를 설명할 때 엄마의 독서는 힘을 발휘합니다. 말로만 아이에게 독서를 강조하는 것보다 엄마의 독서 경험에서 나오는 가르침이 효력이 높지요. 짜장면을 만들어본 엄마가 말하는 짜장면 레시피가 신뢰가 가는 건 당연합니다. 스마트폰만 보는 엄마가 말하는 독서의 유익함은 아이의 마음에 와닿지 않을 거예요. 책을 읽는 엄마는 독서가 휴식이 되고, 정보를 얻고, 위안을 받고, 삶의 지침서가 됨을 체험합니다. 아이에게 독서에 관한 사랑을 보여주고 설득력 있게 가치를 인지시킵니다.

엄마의 가르침은 독서는 인생에 있어 평생 친구가 되리라고 자연스럽게 인식하게 해주는 것입니다. 마땅히 해야 할 일이라고 믿어요. 엄마가 책을 읽으며 사색하고 즐거움을 느끼는 만큼 아이도 조금씩 체감하고 있습니다. 엄마가 책을 읽으면 아이는 엄마 옆으로 와 책을 펼칩니다. 아이는 엄마처럼 매일 책을 읽습니다.

내 아이에게 맞는
교육정보를 나누는 장

✦ 올바른 교육정보 취하기

반 모임의 목적은 교육정보 교환입니다. 아쉬웠던 건 정확하지 않은 정보를 고급 정보인 양 떠벌리는 것이었죠. 입김 센 엄마가 하는 말에 토를 달기는 어렵습니다. 그러려니 하면서도 정말일지 의심이 들었어요. 검증되지 않은 정보에 괜히 내 아이만 비교 대상에 올리며 자책하게 됩니다.

인터넷에도 교육정보는 넘쳐납니다. 고등학생 엄마만큼은 아니지만, 교육열 높은 엄마들은 유치원부터 대입까지 로드맵이 마련되어 있다고 해요. 변화하는 입시에도 관심을 가지며 아이를 어떻게든 공부에 성공시키고자 인터넷을 뒤지며 각종 교육정보를 모읍니다. 무엇이 옳은 정보인지도 모르면서 말이에요.

학원 정보도 예외는 아닙니다. 발품을 팔며 각종 설명회를 듣고 왔지만 내 아이에게 맞는지 아닌지 판단하기 어렵습니다. 설명회를 들으면 당장에 결제해야 할 것 같아요. 괜히 내 아이만 뒤처지는 기분이 듭니다. 상술에 넘어가는 걸 알면서도 혹하는 건 사실이에요.

책 모임 엄마들이라고 안 그럴까요? 교육정보의 홍수 속에서 혼란스러운 건 마찬가지입니다. 책 모임 엄마들은 최신 자녀교육서에 빠삭합니다. 최신 교육정보를 유튜브나 인터넷을 통해 찾기도 하지만 기본은 책입니다. 최신 트렌드에 맞춰 발간되는 자녀교육서를 정독합니다. 책을 읽고 끝나는 게 아니라 책 모임 시간을 이용해서 토의해요. 각자의 생각을 피력하며 교육정보가 갖는 의미가 참인지 거짓인지, 내 아이에게 필요한지 불필요한지 가려냅니다. 토론 과정을 거치면 객관적으로 정보를 보게 되지요. 정보를 바로 취하는 것과 숙고하는 과정을 거치는 것과는 차이가 있습니다.

초등 엄마 책 모임에서는 수학 문제집 하나에도 열띤 대화가 이어집니다. 수학 문제집은 종류도, 수준도 천차만별이지요. 유튜브나 자녀교육서마다 추천하는 문제집이 달라요. 각각 아이들이 어떤 문제집을 선호했는지, 싫어했는지를 나눕니다. 문제집 얘기에 초등 교육과정을 얘기합니다. 초등 수학과 관련해서 인상적이었던 강연, 책의 내용을 공유합니다. 아이 성격에 따라 어떤 문제집이 좋을지 추천해주기도 해요. 집 근처 학원 정보, 레벨테스트 정보, 강사 이력도 빠지지 않습니다.

일반 학부모 모임과 비슷한 정보가 오가지만 다른 게 있다면 책 모임의 수다는 토의라는 거예요. 서로의 의견을 존중하고 정보를 충분히 얘기합니다. 내 의견을 강요하지 않아요. 조언은 하되 정보의 선택은 본인에게 두지요. 수평적인 관계로 교육정보를 나눕니다.

정보의 시대입니다. 비판적 사고력은 아이들만 필요하지 않습니다. 정보가 진짜인지 가짜인지를 가려야 하는 엄마들에게는 더욱더 필수지요. 남들이 좋다니까 맹목적으로 정보를 취해서는 안 됩니다. 누가 어떤 정보를 잘 이용하느냐에 따라 아이 교육의 승부도 갈립니다. 그런 면에서 책 모임에서 엄마들은 대화를 통해 정보의 단순한 탐색자가 아닌 비판적 활용자로 거듭납니다.

✦ 소신 지키기

"어머니는 아이에게 왜 공부를 시키나요? 인간에게 공부가 왜 중요합니까?"

TV 프로그램인 〈요즘 육아 금쪽같은 내 새끼〉에서 정신건강의

학과 오은영 박사가 출연자에게 물었어요. 꼭 제게 하는 질문 같았습니다.

아이 교육에 왕도가 없어서일까요? 엄마는 명문대를 나오지 않았지만 내 아이는 엄마가 노력하면 충분히 명문대를 갈 수 있다는 생각이 듭니다. 학생의 신분으로 공부가 아이 인생의 전부 같아요. 아이와의 대화도 자꾸 공부에 치우치게 됩니다. 잘나가는 아이 친구의 공부 실력을 보면 속상합니다. 괜히 그 아이가 다니는 학원에 기웃거리게 되지요.

다 나보다 잘되라고 아이에게 하는 엄마의 수고입니다. 아이와의 관계가 중요한지 알면서도 공부에는 냉정해집니다. 아이 꿈을 존중해야지 하면서 은근히 엄마의 꿈을 강요하고 있습니다. 어릴 때 칭찬도 많이 해줬는데 학교에 들어가면서부터는 아이의 부족한 점만 눈에 들어오지요. 아이를 성공적으로 기른다는 이유로 알게 모르게 비교하게 됩니다. 성적으로 아이를 평가하고요. 아이가 서울대학교를 들어가면 엄마의 성적표도 백 점이 될 것 같습니다. 금쪽같은 내 새끼인 걸 알면서 엄마의 욕심은 자꾸 앞서지요.

대한민국의 엄마라면 마땅하지요. 소중한 내 아이이기에 탐이 납니다. 무리해서라도 아이 교육에 큰돈을 투자하지요. 엄마의 뚜렷한 교육관이 서 있는 상태에서 지원해준다면야 무슨 문제가 있겠어요. 문제는 소신 없이 이리 갔다 저리 갔다 아이를 흔들어 놓는다는 거예요. 올바르지 않은 가치관으로 아이를 이끄는 겁니다.

책 모임의 엄마들도 아이 교육에 대한 열정이 대치동에 뒤처지지 않습니다. 아이 독서뿐 아니라 영어, 수학에도 열을 올리며 공부시키고 있어요. 매일 한글책을 읽는 만큼 영어책을 읽히고요. 수학 문제집도 꼬박꼬박 풉니다. 아이 성적에 민감해서 단원 평가지도 꼼꼼하게 체크 합니다. 부족한 부분에 신경 쓰며 보충하지요.

아이 공부에 대한 욕심은 같지만, 책 모임 엄마들의 바탕엔 엄마의 믿음이 있습니다. 아이와의 관계가 우선이지요. 내 아이를 제일 잘 아는 사람은 엄마이기에 기준은 옆집 아이가 아니라 내 아이입니다. 아무리 좋다는 책도 아이가 싫다면 아이의 의견을 존중합니다. 아무리 유명하고 값비싼 학원이어도 아이가 거부하면 어쩔수 없어요. 아이가 공부를 잘하는 건 다음 일입니다. 학년에 맞게 자신감이 있게 공부에 임하는 태도를 길러주려고 노력하고 있어요. 아이를 중심에 두고 소신을 지키면서 말이지요.

일전에 초등학생에게 하루 3시간씩 수학 문제집을 풀리라는 유튜브 영상에 관해 책 모임 엄마들의 토론이 이어졌습니다. 저 혼자 영상을 볼 때도 3시간은 초등학생에게 무리라고 생각했습니다. 하지만 수학 전문가라고 하는 강연자의 말을 계속 듣고 있으니, '진짜 3시간씩 해야 하나?'라는 생각이 들었어요.

책 모임 엄마들은 초등학생에게 수학은 문제해결력과 과제집착력을 길러줘야 한다는 데는 동의하였습니다. 하지만 하나같이 3시간은 아이들의 정서상 옳지 않다는 의견이었어요. 정서를 망치고 수학에 대한 반발심만 키우리라 예상했습니다. "그럼 책은 언제 읽나요?"라고 반문했어요. 토론을 통해 다른 엄마들의 생각은 저의 흔들리는 교육관을 잡아주었습니다.

갈대 같은 마음은 여전하지만, 책 모임으로 인해 마음을 다잡습니다. 아이 인생에 공부는 학교 성적, 대학 간판만이 전부가 아니란 의견에 책 모임 엄마들은 뜻을 함께합니다. 책 읽는 삶이 가치 있다는 데도 입을 모읍니다. 무엇보다 아이의 마음을 먼저 읽습니다. 아이를 있는 그대로 사랑합니다. 소신을 지키며 내 아이 맞춤으로 교육하려고 노력해요. 든든한 부모가 되려 합니다.

현명한 엄마로
성장하는 길

✦ 책 모임의 놀라운 효과

책으로 뭉친 모임이니만큼 모임의 큰 줄기는 책이 됩니다. 함께 책을 읽고 들었던 느낌을 공유합니다. 머릿속에서 맴돌던 생각을 정리해서 이야기를 나누는 것이 책 모임의 핵심입니다. 책을 나누는 활동은 단순한지만 혼자 독서를 했을 때보다 강력한 다음의 독서 효과가 발휘됩니다.

첫째, 책을 더 깊이 이해할 수 있습니다. 여러 의견을 나누며 내가 미처 발견하지 못했던 부분을 찾을 수 있습니다. 또한 혼자 읽으면서 판단해버렸던 성급한 결론이나 오류를 피할 수도 있습니다. 그래서인지 책 토론 이후 혼자 책을 다시 정독하기도 합니다. 내가 무심코 지나쳤던 부분의 의미를 되새기며 읽는 계기가 됩니다.

둘째, 고차원적인 사고능력이 길러집니다. 혼자 읽었더라면 나만의 생각에 갇히기 쉬워요. 함께 책을 읽으면 같은 책이라도 각자 느낌과 생각이 다양하다는 것을 알 수 있습니다. 나와의 다름을 받아들이고, 다름을 이해하기 위해 분석적으로 생각하는 과정을 통해 비판적 사고능력이 향상됩니다.

셋째, 말하기 능력이 좋아집니다. 엄마가 된 이후로 언제 이렇게 논리적으로 말할 기회가 있었던가요? 토론 과정에서 말하기는 필수이기 때문에 내 느낌과 생각을 어떻게 잘 전달해야 하는지 고민하게 됩니다. 어떤 주제를 논리적으로 말할 기회가 자연스럽게 생깁니다. 나의 주장과 근거를 조리 있게 얘기하게 됩니다. 시간이 지날수록 말하기 능력이 개발됩니다.

넷째, 다양한 분야, 수준의 책을 접합니다. 혼자 읽는 책은 자기의 취향에 갇히기 마련입니다. 그렇지만 책 모임은 개인보다 공공의 취향이 우선이에요. 평소 읽지 못했던 어려운 고전도 읽는 계기가 되지요. 함께 읽고 나누면서 난도 높은 책도 쉽게 내용을 파악할 수 있어요. 평소 관심 없었던 책도 여럿이 함께라는 이유로 읽을 용기가 납니다.

위 네 가지 효과 말고도 초등 엄마 모임이기에 얻어지는 효과가 하나 더 있습니다. 바로 아이와의 토론이 생활화된다는 거예요. 책 모임에서 터득한 토론의 기술은 자연스럽게 아이와 토론의 물꼬를 터줍니다. 아이가 책을 읽은 후 서로의 의견을 주고받거나, 밥을 먹으면서도 가벼운 주제에 상반된 의견으로 대화합니다. 엄마가 모임에서 배웠듯 아이도 엄마와의 대화에서 토론의 효과를 톡톡히 체득하고 있습니다.

책을 같이 읽으니 독서 효과는 자동으로 따라옵니다. 토론 과정을 거치니 사고력, 말하기 능력, 토론 능력이 좋아지는 건 분명합니다. 그런데 이상하지요. 머리가 똑똑해지고 기술적인 능력이 좋아지는 것보다 소중한 사람 간의 만남으로 책 모임의 효과를 강조하고 싶습니다.

사람은 저마다 살아가는 방식이 다릅니다. 사고도 다릅니다. 출판사가 써놓은 같은 서평을 읽고, 같은 텍스트의 책을 읽어도 저마다 인생에서 묻어나는 감흥은 모두 같지 않았습니다. 그냥 수다에서는 느끼지 못한 사고의 소통입니다. 책을 매개로 얘기하며 상대방의 삶을 엿보게 됩니다. 모임의 횟수가 많아지며 자기의 아픈 경험도 내보이고 함께 울기도 했어요. 또 하나의 서사를 읽는 느낌입니다. 사람이 곧 살아있는 책이었습니다.

초등 엄마 책 모임은 인생을 배우는 과정입니다. 소중한 인연은 인생에 관대한 시선을 갖게 하지요. 내가 몰랐던 세상을 이해하게 됩니다. 혼자 책을 읽었더라면 놓쳤을 지혜를 얻게 됩니다. 책 읽기와 사람 읽기가 공존합니다.

✦ 나를 발견하는 시간

전공도 성격도 취향도 다른 네 명입니다. 처음 책 모임의 참여 목적도 달랐어요. 온전히 나의 책을 읽기 위해, 읽은 책을 함께 공유하고 싶어서, 책 읽기 습관을 만들고자 등 저마다의 사연이 있었습니다. 지금에야 책 모임 엄마들에게 고백하자면 저는 흑심이 있었습니다. 나의 책 읽기보다 아이가 우선이었어요. 책육아를 하는 엄마들의 노하우를 몰래 캐내고 싶었거든요. 어떻게든 내 아이에게 도움이 될 정보를 찾고자 들어갔어요. 엄마의 책 읽기는 뒷전이었습니다.

저의 음흉한 마음은 가린 채 책 모임에 참여했습니다. 엄마들과 얘기를 나누려면 나의 책을 읽어야 했지요. 아이를 위한 책이 아닌 나를 위한 책이요. 첫 모임이 기억납니다. 우리는 『김미경의 리부트』를 읽었습니다. 코로나로 몸도 마음도 갇혀 있던 시기에 '나는 어떻게 살 것인가?'에 관한 답을 찾는 책이었어요.

두 시간을 넘게 열기 넘치는 토론을 했습니다. 엄마이지만 하나의 사람으로 우리는 무엇을 준비해야 하는지 얘기했습니다. 나의 강점은 무엇인지 찾아보자, 언택트 시대에 인스타그램을 당장 개설하자 등 구체적인 실천 방법에 관해 의견을 나누었습니다. 사이사이 아이 얘기도 나누었어요. 하지만 정작 제가 내심 기대하던 아이 책육아 꿀팁은 첫 모임에서는 듣지 못했어요.

희한하게 실망보다 희망을 보았습니다. 토론하는 내내 그동안 엄마라는 이름 아래 나를 놓친 건 아닌가 생각이 들었습니다. 엄마인 저는 아이의 양육이 나를 돌보는 것보다 우선이었거든요. 아이의 인성부터 공부까지 모든 걸 완벽하게 만드는 게 엄마의 목표였습니다. 아이의 명성이 엄마의 성적표로 돌아오리라 생각했습니다. 엄마가 되고 난 후 나의 꿈을 생각해본 적조차 없었습니다.

첫 모임에서 나를 향한 물음은 충격이었습니다. 내가 원하는 나의 모습은 무엇인지, 앞으로 나는 어떤 사람이 되고 싶은지 나에게 되물었습니다. 나를 살피게 되었어요. 잊고 있던 나의 꿈을 조심스레 꺼내 보게 되었습니다. 아이의 꿈만큼 엄마의 꿈에 무게를 실었습니다. 나에 대한 소망을 품었습니다.

모임의 회를 거듭할수록 흑심은 온데간데없습니다. 아이보다 나 자신을 위해 책 모임을 하고 있습니다. 아이 교육정보, 책육아 소통은 양념이에요. 메인 요리는 우리의 책 수다입니다. 첫 모임은 잠자고 있던 나를 깨웠다면, 지금은 한껏 성장했습니다. 다양한 책을 읽으며 내면의 소리를 계속 듣습니다. 나를 아끼는 마음이 강해집니다. 아이의 꿈이 소중한 만큼 엄마의 꿈도 귀하다고 여겨집니다. 자신감이 솟고 용기도 생기지요. 보세요, 혼자라면 엄두도 내지 못했을 책 쓰기를 하고 있잖아요.

책 모임을 3년쯤 하고 나니 책 모임 엄마들의 성장이 눈에 보입니다. 평범한 가정주부였던 엄마들은 독서지도사 자격증을 딴 엄마, 경력 단절로 주부로 지내다 새로운 일자리를 찾은 엄마, 보육교사 자격증을 준비하는 엄마로 새로운 인생을 걸고 있습니다. 책 모임이 있었기에 이뤄냈습니다. 우리는 책을 읽고 생각을 나누며 각자의 내면을 살폈습니다. 하고자 하는 일에 적극적으로 도전하게 되었어요. 서로 격려를 마다하지 않았어요. 함께 성장하는 동료가 되었습니다.

꿈을 갖고 이룰 수 있었던 이유는 단순히 책을 읽는 데서 끝나지 않기 때문이에요. 책 토론은 책이 내 삶에 적용할만한 내용이 없을까 고민하게 됩니다. 각자의 상황에 맞게 책이 이끄는 대로 실천하려고 노력하지요. 일방적 읽기가 아니라 능동적 책 읽기로 자기화를 극대화합니다.

함께 하는 독서는 홀로 독서가 가지는 효과의 배가 됩니다. 비슷한 처지의 엄마들은 연대로 결속되어 시너지를 발산합니다. '나만 그런 게 아니었어.'라며 공감하고 서로에게 마음의 평안을 얻어요. 책은 마음을 정화하는 촉매 역할을 하지요. 나의 정체성을 찾게 합니다. 상호 교류하며 꿈을 북돋습니다. 상호 자극하며 삶을 주체적으로 살도록 응원합니다.

엄마가 아닌 한 사람으로 꿈을 갖는 건 아이에게도 영향을 미칩니다. 나를 발견하고 나를 키우는 과정은 내면의 행복을 가져다주지요. 지나치게 아이에게 쏠렸던 시선은 나, 남편, 아이에게 골고루 나누어집니다. 가족 구성원 개개인의 삶의 의미를 이해하는 너그러운 마음이 생깁니다.

3, 40대 보통의 엄마로 아이를 빛나게 키우는 것이 최우선이라 생각했던 우리의 임무는 이제 달라졌습니다. 도서관의 어린이실에서 아이의 책을 고르며 자연스레 종합자료실로 향합니다. 서가를 두리번거리고 나의 감각을 깨우는 책을 고르지요. 아이에게 쏟았던 돈과 에너지를 기꺼이 나에게도 투자합니다. 엄마가 먼저 내적으로 단단해야 아이도 행복하다는 걸 믿고 있습니다. 나를 귀한 존재로 여기고 책을 읽습니다.

2부

엄마와 아이가 함께 성장하는
책 모임

1장.

사유가

오가는

엄마들의

책 토론

책 토론을 대하는
엄마의 자세

✦ 기-승-전-엄마

　책 모임의 중심은 책 토론입니다. 모임의 두 시간 중 반 이상은 책에 대한 느낌과 생각을 나눕니다. 책을 읽고 토론까지 해야 한다니 머리가 지끈거릴지 모르겠습니다. 걱정하지 마세요. 공부를 위한, 시험을 위한 토론도 아니기에 부담 없이 하는 잡담에 가깝습니다. 욕심 없이, 기대 없이 해야 책 토론을 즐겁게 할 수 있습니다.

　책 선정도 그렇습니다. '내 인생의 이정표 같은 책을 읽겠어!', '토론에 적합한 난도 높은 책을 읽어야지.', '고전 정도는 읽어야지.'라며 좋은 책, 베스트셀러, 독서 실력을 키우기 좋은 책을 고집하지 않아도 됩니다. 늘 정답은 만만한 책에 있습니다. 엄마로 살며 바쁜 일상에 손쉽게 책장을 들춰볼 만한 책, 재미있게 읽을 만한 책이 적합합니다.

교육열 높은 초등 엄마 넷이 어떤 책을 읽었을까 궁금하시죠? 쉽고, 재미있게 읽는다는 전제하에 다양한 분야의 책을 읽었습니다. 자녀교육서는 물론이죠. 그림책, 동화책, 소설책, 인문 교양서, 자기계발서, 고전 문학, 예술서 등 가리지 않고 읽습니다. 엄마라서 읽는 책보다 그저 한 사람으로서 읽는 책이 다수입니다.

그런데 토론할 때면 참 이상한 일이 벌어집니다. 『어린 왕자』를 읽어도 아이와 나의 관계를 염두에 둡니다. 어린 왕자는 아이, 엄마는 여우가 됩니다. 『빨강 머리 앤』을 읽으며 제 아이가 주인공 앤과 같이 느껴지기도, 나의 어린 시절이 떠오르기도 합니다. 『나도 아직 나를 모른다』라는 책을 읽으며 제목처럼 나에게 '나를 알고 있니?'라는 질문을 했습니다. 더불어 엄마도 나의 본연의 모습이라며, 책 모임 엄마들 모두가 공감했습니다.

책 분야, 책 내용을 불문하고 엄마 책 모임은 '기-승-전-엄마'로 토론이 됩니다. 아기를 낳기 전엔 길거리에 유아차(유모차)가 그렇게 많은 줄 몰랐는데, 엄마가 되며 유아차가 유독 눈에 띄는 것과 같은 현상이랄까요. 늘 우리의 토론 결말은 엄마입니다. 엄마로서 역할은 잘하고 있는지, 엄마가 지녀야 할 마음과 태도는 무엇인지, 엄마의 의무는 어디까지인지 등에 관해 정열적으로 잡담을 나눕니다.

독서 모임은 마음만 먹으면 할 수 있습니다. 도서관, 학교, 직장 등 다양한 기관에서 독서 모임이 열리고 있습니다. 하지만 엄마만을 위한 마음에 쏙 드는 책 모임은 만나기 쉽지 않습니다. 엄마가 처음인 우리, 오늘의 육아도 처음입니다. 아이의 인생까지 책임져야 한다니 혼자는 어떻게 해야 할지 막막합니다. 그러한 본심이 책 토론에도 묻어나와 이야기는 늘 엄마 이야기로 귀결됩니다.

심도 있는 토론을 하고자 한다면 잘못 찾아오셨습니다. 엄마 이름은 쏙 빼고 나 자신만을 위한 책 읽기를 원한다면 다른 모임을 찾아보세요. 엄마 책 모임은 가볍게 시작해 자기도 모르게 책처럼 살아가길 원하는 엄마 모임입니다. 책 토론에 엄마 이야기는 피할 수 없어요. 『달러구트 꿈 백화점』을 읽고 '내 아이는 어떤 꿈을 백화점에서 사고 싶을까?'라고 얘기해도 놀라지 마세요.

✦ 나를 놓치지 않기

엄마로 결론지어지는 책 토론이지만, '나'를 놓치지는 않습니다. 어디까지나 읽는 책은 아이보다 내가 우선이니까요. 아이 교육에 둘째가라면 서러울 욕심 많은 엄마여도 자녀교육서만 읽지는 않습니다. 자녀교육서만 읽는 데 지쳐서 모인 모임이거든요. 기-승-전-엄마로 토론이 진행되어도 '나'를 위한 책을 읽습니다.

엄마가 되어 가장 당황했던 건 나 자신이 점점 사라지는 느낌이었습니다. 말도 잘 통하지 않는 아기와 씨름하며 매일 밤 눈물로 잠들었던 때가 기억납니다. 아이가 학교에 들어가면 나아질 줄 알았는데 다른 걱정거리가 줄을 잇습니다. 아이 공부, 독서, 신체 발달, 친구 관계 등 어느 것 하나 엄마 손이 가지 않는 데가 없습니다. 어깨가 무겁습니다.

책 모임 엄마들은 엄마 역할에 부담이 쌓일수록 간절히 나를 위한 책을 찾습니다. 신간으로 나오는 자녀교육서는 도서관에 희망 도서를 신청해서 읽을 만큼 공부에 열혈 엄마이지만, 나도 소중하다는 걸 알고 있어요. 결론은 아이 이야기로 도달하는 토론이 되는 것도 알지만, 책을 읽는 동안은 온전히 '나'의 시간을 즐깁니다. 혼자라면 나를 위한 책을 그렇게 열심히 읽지 않았을 거예요. 함께여서 가능했습니다.

엄마는 시간도 돈도 마음도 여유가 없습니다. 좋아하던 운동을 배우는 것도, 뮤지컬을 관람하는 것도, 미용실을 가는 것도 늘 후순위로 밀려나 있습니다. '아이가 크면 내 시간을 가져야지.'하며 희생을 감수하지요. 유튜브 강연 하나 듣기도 설거지하며 틈틈이 들어야 하는걸요.

그런 면에서 책 모임을 핑계로 '나'의 책을 읽는 건 고마운 일입니다. 아이 책을 빌리러 도서관에 들르며 나의 책을 한 권 빌리는 것부터 시작합니다. 아이 독서 시간에 나의 책 읽기는 가뿐하게 가능합니다. 자녀교육서를 읽으며 '어떤 점을 내 아이에게 적용해볼까?'라고 고민했다면, 홀로 독서 시간엔 나의 책을 읽으며 아이 고민이 사라집니다.

엄마의 마음에 평화가 있어야 가정도 따뜻하게 유지되지요. 엄마가 불안한 눈빛, 성난 마음, 억압된 감정을 가지면 아이에게 온전히 전달됩니다. 어느새 아이들은 엄마의 무기력한 마음을 닮아가기도 합니다. 육아 스트레스 없는 사람이 어디 있을까요? 제때 풀고 '엄마'의 책무를 잠시라도 잊을 만한 창구가 필요합니다. 독서만큼 효율적인 방법은 없습니다.

책 모임 엄마들은 '나'의 책을 읽으며 자유롭게 토론합니다. 온갖 얘기가 오가지만 나의 자리, 엄마의 자리에 균형을 잡습니다. 육아育兒와 육아育我를 실천하고 있습니다. 책을 통해서 말이지요.

엄마 책 모임 시간 중 책 토론에서는 어떤 얘기가 오갈지 궁금하시죠? 다음 챕터부터는 책 토론의 실제를 담았습니다. 엄마와 아이가 함께 성장하는 책 토론을 경험해보세요.

부모란
무엇인가? _『완벽한 아이』

『**완벽한 아이** Derrière la grille』

모드 쥘리앵
복복서가
2020

　"다른 집에서는 아이들이 잠들기 전에 동화책을 읽어주고 춥지 않
도록 이불을 잘 덮어준다는 얘기를 책에서 본 적이 있다. 나는 혼자다.
말할 사람이 아무도 없다. 외톨이다. 혼자 버텨야 한다. 하지만 그러기
싫다. 혼자만 떨어져 있는 것은 지옥이다. 나도 다른 사람들처럼 되고

싶다. 누군가에게 손을 내밀고 누군가의 품에 안기고 싶다."

5월은 아이들의 달이라고 해도 과언이 아닙니다. 계절의 아름다움은 절정을 향해 달리고, 아이들은 그 안에서 무럭무럭 자라지요. 5월은 아이들이 있어서 행복한 달입니다. 찬란한 5월에 이 책을 만났습니다.

제목과 표지를 보고 어렴풋이 짐작했습니다. 밝은 분위기는 아닐 것 같았어요. 『완벽한 아이』라는 제목과 반대로 약해 보이는 아이가 보입니다. 어두운 초록색 잔디 위에 작게 그려진 아이는 표정조차 보이지 않습니다. 회색의 바탕은 차가운 벽처럼 느껴집니다.

저자인 모드 쥘리앵 소개를 읽었습니다. 모드는 부유한 아버지와 교육학을 전공한 어머니 밑에서 자랐습니다. 하지만 아버지의 잘못된 신념으로 세 살부터 철책에 갇혀 살게 되었습니다. 저자는 사회와 완전히 차단된 채 18살이 될 때까지 고립되어 지냈습니다. 이 책은 놀랍게도 소설이 아니라 에세이입니다. 실화입니다.

모드의 아버지는 아이를 초인으로 만들기 위해 사력을 다했습니다. 부인조차 아이 양육을 위해 어릴 때 데려와 성인으로 키웠습니다. 교육학을 공부하게 시켰고 부인은 엄마가 아닌 아이의 감시자일 뿐이었어요. 모드는 훈육이라는 이름 아래 철저히 사회와 단절되었습니다. 친구, 교육, 사회를 경험하지 못했습니다. 대신 아버지의 혹독한 교육을 받아야 했습니다.

책 속의 끔찍스러운 수업이 떠오릅니다. 어린 모드에게 전기가 흐르는 철책을 맨손으로 잡게 하고, 아무도 없는 컴컴한 지하 방에 가두어 죽음의 명상을 하도록 했습니다. 일곱 살부터 강해져야 한다며 술을 마시라고 강요했습니다. 이러한 모든 훈육은 생존의 기술을 배워 강한 인간이 되기 위함이었습니다. 이는 아버지의 잘못된 신념에서 비롯되었습니다.

어머니는 모드에게 방패가 되어주지 못했습니다. 어머니조차 피해자였지요. 강압적인 분위기 속에서 남편에 의지해 살아가며 자신이 낳은 모드에게 애정을 쏟을 수 없었어요. 따뜻한 말 한마디, 엄마의 포옹은 없었습니다. 엄마는 모드가 제대로 공부하지 못하면 그 책임이 자기에게 올까 두려워했습니다.

책을 읽는 내내 지어낸 이야기이길 바랐습니다. '20세기에 이런 일이 가능한 일인가?'라고 의심했습니다. 읽으며 모드의 해방을 응원했습니다. 끝을 먼저 읽고 싶었습니다. 빨리 부모로부터 탈출하라고요.

모드는 암흑 속에서도 빛을 잃지 않았습니다. 동물과 교감하고 사랑을 체험합니다. 음악과 문학을 통해 희망을 품게 됩니다. 자유를 갈망하고 결국 음악을 통해 세상에 가는 문을 열게 됩니다. 결국 음악 선생님의 도움으로 정신적, 육체적 학대로부터 빠져나오게 됩니다.

모드가 사회에 나와 바로 온전히 생활하기는 어려웠습니다. 수

년간의 심리 상담을 받아야했어요. 어린 시절 받았던 고통과 트라우마를 씻어내기 위해선 고통받은 시간보다 더 많은 시간이 걸렸지요. 담담하게 책을 써 내려간 저자가 대단하게 느껴졌습니다.

고문과 학대에 가까운 핍박 속에서도 모드는 자유를 향한 몸부림을 멈추지 않았습니다. 절대 권력자인 아버지의 괴롭힘에 굴하지 않고 자신을 잃지 않았습니다. 저자의 유년기를 읽으며 '부모란 무엇인가?', '자녀란 무엇인가?', '양육이란 무엇인가?', '가정이란 무엇인가?' 등 다양한 물음이 생겼습니다. 책 모임 엄마들도 가볍게 읽히지 않았다고 했어요. 처참한 실화에 가슴이 먹먹했다고 했습니다. 충격을 감추지 못했습니다.

✄

❋ "이 어이없는 일들이 아주 작은 부분이라도 우리 집에서도 일어났었는지, 일어날 수 있는지 생각해봤어요. 충분히 우리 집에도 가능하리라 깨닫고 미간이 찡그려졌어요. 아이에게 얼마나 자유를 줘야 할까요? 엄마라는 이름으로 나의 잘못된 생각을 주입하고 있는 건 아닐까요? 아이를 훈육이 아닌 통제만 하는 건 아닌지 반성했어요. '나의 좁은 현재에 아이의 광활한 미래를 가두는 건 아닐까?' 깊게 고민했어요."

♠ "모드는 이미 완벽한 아이예요. 부모의 억압과 고문 속에서도 즐거움을 찾았잖아요. 누가 알려준 적 없었지만, 동물과 교감하며 사랑을 배웠어요. 음악으로 마음을 다스렸어요. 이 모든 걸 모드 스스로 터득했다는 게 놀라워요. 어쩌면 아이들은 자유, 희망, 사랑, 기쁨 등을 품고 태어나는 건 아닐까요? 아버지가 그토록 평생 노력했던 완벽한 아이는 오히려 순수한 모드의 모습이었어요."

● "모드가 정말 대단하다고 생각해요. 공포와 좌절 속에서도 살고자 하는 의지를 다졌어요. 엄마는 그렇지 않았죠. 엄마는 아빠에게 종속되어 벗어날 생각조차 안 했어요. 같은 여자지만 모드의 자유에 대한 갈망은 엄마보다 더욱 컸어요. 엄마는 자유를 포기했고 모드는 쟁취했지요. 한편으로 저 자신도 너무 남편에게 종속되어 있지 않나 생각이 듭니다. 아이 훈육에도 아이의 말보다 남편 말을 듣는 편인데 곧이곧대로 받아들이면 안 되겠다고 생각했어요."

☀ "저의 유년 시절이 떠올랐어요. 좋았던 기억도 있지만, 분명 상처로 남은 장면이 떠오릅니다. 부모님은 다 제가 잘되라고 훈육했던 걸 알아요. 그래도 지금까지 우울한 기억으로 남는 걸 보면 부모님의 훈육 방식이 잘못되었던 것 같아요. 새삼

지금 저의 모습도 그렇지 않나 돌아봅니다. 어른이라는 이유로 아이들을 내 뜻대로 휘두른 건 아닐까요? '이 정도는 괜찮겠지?'라며 내 감정을 마구 쏟아내고 아이를 공포에 떠밀었던 적이 있었던 건 아닌지 모르겠어요."

이 세상에 부모가 만들어서 완성되는 완벽한 아이가 어디 있을까요? 엄마가 완벽하지 않았던 것처럼, 아이도 완벽하지 않습니다. 아버지가 그토록 바랐던 초인은 모드만의 맑은 정신만으로 만들어지는 건 아닐까요? 아이를 찰흙으로 주물러 예쁘게 다듬으면 최고의 작품이 될 것 같지만, 아이는 만들어 내는 조형물이 아닙니다. 아이를 위한답시고 하는 부모의 행동이 진정 아이에게 유익한지 냉철하게 판단해야 합니다.

현명한 엄마와 아이로 성장하는 팁

1. 아이에게 엄마는 절대적 존재입니다.

아이에게 엄마는 생존을 위해서라도 절대적인 존재입니다. 믿고 따를 수밖에 없습니다. 아이는 자아가 형성되면서 점차 엄마로부터 독립하게 됩니다. 세상을 탐색하며 엄마와 애착 형성이 불안하거나 훈육이 올바르지 않았다면 어른이 되어서도 심적으로 고통을 겪게 됩니다. 어린 시절 안전한 애착 형성을 바탕으로 사랑과 희망을 심어주세요. 아이의 공부도, 인간관계도 엄마와의 관계에서 시작됨을 잊지 마세요.

2. 엄마의 사랑을 점검하세요.

아이를 위한다는 명목으로 엄마의 사리사욕을 채우는 교육을 하고 있지 않은지 점검하세요. 사랑한다는 이유로 엄마의 어떤 말에도 복종해야 한다고 생각하고 있다면 다시 한번 고민하세요. 엄마가 지나온 유년 시절 독서에 한이 맺혀 아이에게 책을 들이밀고 있다면 마음부터 고쳐야 합니다. 엄마의 대리만족을 위한 사랑은 엄마에게 불안감을 안기고 아이에게 고운 소리가 나오지 않지요. 결국 아이에게 반감만 살 뿐입니다.

3. 끊임없이 공부하는 엄마가 되세요.

엄마의 잘못된 신념은 아이를 잘못된 방향으로 이끌게 됩니다. 아무리 좋은 사교육, 소문난 공부법, 유명한 독서법이어도 아이에게 맞지 않는 걸 억지로 시킨다면 효과는 장담할 수 없습니다. 끊임없이 교육 트렌드를 읽으면서 아이의 정서를 공부하세요. 엄마와 아이 둘의 상관관계에 접점을 찾아 교육을 실천하세요. 집에서 아이가 자유롭게 말하지 못하고 엄마 몰래 하는 일들이 늘어난다면 핸들을 틀어야 합니다. 객관적인 눈으로 자신을 보세요.

나는 아이의 말을 잘 듣고
마음을 얻었을까? _『말의 품격』

『말의 품격』
이기주
황소북스
2017

"말은 마음을 담아낸다. 말은 마음의 소리다. 말과 글에는 사람의 됨됨이가 서려 있다. 무심코 던진 말 한마디에 사람의 품성이 드러난다."

중2 미술 시간이었어요. 미술은 워낙 타고난 재능이 없으면 흥미를 잃기 쉬운 과목이지요. 남학생 중에 무기력한 아이들이 여학생보다 많은 게 사실이에요. 한 남학생은 아무 의욕 없이 대충 그림을 그리고 있었어요. 평소 수업 참여 정도가 나쁘지 않았기에 흥미를 북돋고자 칭찬을 했습니다. 그랬더니 아이는 냉소적으로 "진짜예요? 작년 미술 선생님은 저한테 '너는 그림을 발로 그렸니?'라고 했거든요. 저 그때 이후로 미술이 싫어졌어요."라고 말했습니다. 그 선생님은 농담으로 했을 말이겠지만, 학생은 상처를 입었습니다. 말 한마디로 평생의 덕이 무너지기도 한다는데, 학생의 경우를 보고 말의 중요성을 다시 한번 깨달았습니다.

말은 곧 인격입니다. 친구, 동료, 엄마들, 선생님과 제자 사이에 말이 없는 집단이 없지요. 하물며 가정에서도 말은 마음의 창구입니다. 말을 통해 의사소통이 이뤄지고 신뢰가 쌓입니다. 나의 언어는 나의 세계, 가치관, 성격, 인품을 고스란히 전달하지요.

남편에게도, 아이에게도 말조심하며 서로 배려가 바탕이 되는 말을 하고 싶습니다. 나이가 들수록 고귀한 인품이 묻어나는 사람이 되고 싶기 때문이에요. 그래서 함께 읽은 책이 『말의 품격』입니다.

이 책은 목차만 보더라도 저자가 전하는 메시지가 뚜렷합니다. '경청, 공감, 침묵, 간결, 둔감, 뒷말' 등 말에 관한 키워드를 정해 말과 사람의 품격 간의 의미를 풀어 썼습니다. 고전의 사례와 현재의 사례를 지자 특유의 문체로 써서 사유를 불러일으키는 책입니다.

말은 꽃이 될 수도 있고 창이 될 수도 있지요. 우리는 말 한마디에 치유 받기도 상처받기도 합니다. 생각 없이 말한다지만 말은 그 사람의 생각을 보여줍니다. 사람이 지닌 고유한 인향人香은 그 사람이 구사하는 말에서 뿜어져 나온다고 저자는 말합니다. 말과 말이 쌓여 인품을, 한 사람의 품성이 된다고 합니다.

말이 내 인품, 인향을 결정한다니 조심스러워질 수밖에요. 책모임 엄마들은 책에서 제시한 말에 관한 24개의 키워드 중 어떤 키워드가 인상 깊었는지 궁금했습니다.

✄

❋ "「둔감-천천히 반응해야 속도를 따라잡는다」 챕터가 가장 마음에 와닿았습니다. 말의 둔감력을 회복탄력성으로 관통해서 얘기하는 부분이 인상적이었습니다. 다른 사람 말에 예민한 편인데 '꼭 하나하나 반응하지 말고 적절하게 둔해져야겠다.'라고 생각했어요. 가끔 정제되지 않은 말을 듣고 상처받은 적이 있거든요. 깊게 생각한 나머지 좌절감의 구렁텅이에 빠진 적이 있어요. 종일 그 사람 한마디만 생각나고요. 이제는 조금 의연해져야겠어요. 책에서 말하는 것처럼 가볍게 생각하고 별거 아닌 것처럼 툴툴 털어내는 둔감력을 가지려고요."

🏠 "오! 저도 「둔감-천천히 반응해야 속도를 따라잡는다」 챕터가 제일 좋았어요. 저는 학부모들과 얘기할 때가 떠올랐어요. 독서를 제일 우선시하는 제 교육에 감 놔라 배 놔라 하는 엄마들이 간혹 있거든요. 첫째가 어릴 땐 저도 촉수를 곤두세우며 대응하기도 하고, 속으로 '나만 잘못하고 있나?'라며 의구심이 들었거든요. 그런데 엄마들이 저에게 쏟아내는 진정성 없는 질책에 민감하게 반응할 필요가 없더라고요. 내 철학이 올곧으면 그걸로 된 겁니다. 왈가불가하며 그들만의 속도로 갈 때 굳이 내가 정신없이 따라가지 않아야 해요. 유연하게 반응하는 게 현명한 선택입니다."

● "「경청-상대는 당신의 입이 아니라 귀를 원한다」라는 챕터에서 한참을 머물렀어요. 책에서 '사람의 지혜는 종종 듣는데서 비롯되고 삶의 후회는 대개 말하는 데서 비롯된다.'에 크게 공감했어요. '나는 아이의 말을 잘 듣는 엄마인가?'라며 속으로 질문했어요. 아이 마음의 소리는 듣지 않고 불통인 엄마는 아닌지 반성하게 되었어요. 돌이켜보면 아이에게 이거 해라, 저거 해라 명령의 말만 자주 한 것 같았거든요. 이제부터라도 아이의 마음, 생각, 말을 경청하는 엄마가 되어야 겠다고 다짐했어요. 다시 한번 사람은 귀가 두 개, 입이 하나인 이유를 알았습니다. 다른 사람의 말은 두 배로 듣고 말은

조심, 또 조심해야겠어요."

* "「뒷말-내 말은 다시 내게 돌아온다」라는 챕터를 읽고 섬뜩
했어요. 언어가 자신이 태어난 강물로 돌아가듯 말에도 귀소
본능이 있다니, 공감이 가면서도 무서웠어요. '절대 뒷담화
하지 말아야지.'라고 생각했습니다. SNS를 하다 보면 악플을
아무렇지 않게 쓰는 사람이 있거든요. 어찌 보면 다른 사람
의 단점만 후벼 파며 자기의 열등감을 덮고자 하는 사람처럼
느껴졌어요. 내면이 덜 여문 사람이라는 방증일 뿐이죠. 사
회생활에서도 마찬가지예요. 다른 사람의 뒷담화를 하며 묘
한 쾌감을 얻는 사람들, 언젠가는 그 사람도 다른 사람들의
도마 위에 오르내리리라는 걸 알아요. 말이 부메랑처럼 자신을
공격하는 일을 한두 번 본 게 아니죠. '나도 그런 건 아닐까?'
라고 돌이켜 봤어요. 다른 사람을 깎아내리기 전에 제 내면
의 품격을 높여야겠습니다."

엄마의 말을 그대로 답습하는 아이들을 봅니다. 나의 말은 아이
의 말이 됩니다. 나의 언품이 아이의 인품이 된다는 말이겠지요. 말
의 중요성을 뼈저리게 느꼈습니다. 책에서 강조한 것처럼 '나는 아
이의 말을 잘 듣고 마음을 얻었을까?', '지나치게 말을 많이 해서 실
수한 건 아닌가?', '나는 아이에게 공감, 존중하고 있는가?', '아이에

게 무심코 상처가 된 말을 한 건 아닐까?', '나는 언행일치가 되는 엄마인가?' 등을 끊임없이 되물었습니다.

반대로 생각하면 말의 영향력이 강력한 만큼 엄마가 품격 있는 말을 사용하면 아이도 기품 있는 사람이 될 수 있습니다. 귀를 활짝 열고 입은 조심합시다. 꽃이 될 수 있는 향기로운 말을 합시다.

1. 긍정적으로 말하세요.

낙관적인 사람은 '할 수 있다.'라는 말을 합니다. 비관적인 사람은 아무리 좋은 일도 삐딱하게 보지요. 아이가 탁월한 회복탄력성, 높은 도전 의식, 당당한 자존감을 지니길 바란다면 긍정의 말을 건네세요. 무한한 잠재력이 있는 아이라 믿고, 믿는 마음을 그대로 전달합니다. 공격적인 말, 비난하는 말, 진심이 없는 말, 비교하는 말, 이기려는 말을 한다면 아이는 스펀지처럼 흡수해 언젠가는 엄마에게 쏘아붙일 거예요. 뱉고 후회하지 말고 지혜를 경험하는 말을 하세요.

컵에 물이 반이 남아 있어도 '반이나 남았네.'라고 말하는 사람이 있는가 하면 '반밖에 안 남았네.'라고 말하는 사람이 있습니다. 아이가 독서를 할 때 설렁설렁 읽는 걸 보면 속이 터질 수 있어요. 달리 생각해보는 건 어떨까요? '작년에는 이 책도 못 읽었는데, 지금 이 책을 읽다니 독서력이 많이 늘었네.'라고요.

2. 배려하는 마음으로 말하세요.

사람은 누구나 존중받기를 원합니다. 아이의 말을 먼저 들어주세요. 아이와의 대화 역시 의사 교환입니다. 어리다고 무시하지 말고 아이의 생각, 의견을 존중해주세요. 인격적으로 공감하고 수용하는 태도는 대화의 필수입니다. 일방적으로 쏟아붓는 말은 명령, 지시, 경고, 협박일 확률이 높습니다. 부모가 아이의 말에 귀를 기울일 때 신뢰가 두터워지고 진정한 대화가 지속됩니다.

3. 아이의 장점을 찾아 말하세요.

모든 사람은 장단점이 있습니다. 단점을 채우기보다 장점을 찾으세요. 엄마에게 단점으로 보일지라도 아이의 성장 과정을 살피며 단점을 장점으로 승화시켜 말해주세요. 예를 들어 예민한 아이는 예술가 기질이 높고, 낯선 것을 싫어하는 아이는 신중합니다. 아이의 기질을 그대로 인정하고 장점으로 생각해 칭찬의 말을 아끼지 마세요. 아이의 장점에 집중하기에도 우리는 시간이 부족합니다. 사랑하는 마음을 담아서 칭찬을 건네보세요.

나와 아이는 어떤 삶을
살게 될까? _『미드나잇 라이브러리』

『**미드나잇 라이브러리**The Midnight Library』

매트 헤이그
인플루엔셜
2021

　"슬픔이나 비극 혹은 실패나 두려움이 그 삶을 산 결과라고 생각하기 쉽죠. 그런 것들은 단순히 삶의 부산물일 뿐인데 우리는 그게 특정한 방식으로 살았기 때문에 생겨났다고 생각해요."

드라마 〈도깨비〉에는 멋있는 저승사자가 나옵니다. 삶과 죽음의 경계에서 만나는 저승사자는 막연하고 두려운 존재지만, 잘생긴 배우가 저승사자로 분장해서 등장하니 눈이 휘둥그레지며 봤던 기억이 납니다. 멋진 저승사자는 죽음을 맞이한 망자를 위해 정성스레 차를 준비합니다. 생이 끝나 또 다른 생으로 향하는 망자를 배웅합니다. 생각하기도 싫은 죽음의 순간이지만, '말끔한 저승사자가 함께하면 죽음이 그렇게 슬프지만은 않겠구나.'라는 생각이 들었어요. 작가의 상상력, 감독의 연출력, 배우의 연기가 환상적으로 어우러져 어두침침했던 죽음에 대한 고정관념이 깨지는 놀라운 순간이었습니다.

『미드나잇 라이브러리』도 생사의 갈림길에서 이야기가 전개됩니다. 주인공 노라는 직장에서 해고당했습니다. 약혼자와 파혼했으며, 가족 간 불화가 있어 고통스러운 삶을 살았습니다. 그러던 중 키우던 고양이마저 사고로 죽었다는 소식을 듣고 절망합니다. 자신에게 주어졌던 기회를 모두 놓쳤다고 생각했어요. 자신을 책망하며 짤막한 메모를 남기고 자살을 시도합니다.

하지만 노라는 이내 낯선 곳에서 눈을 뜹니다. 밤 12시, 죽기 직전에만 열리는 마법의 도서관에서 깨어나지요. 그곳에서 노라는 어린 시절 학교 도서관에서 만났던 사서 엘름 부인을 만납니다. 엘름 부인은 "마법의 도서관에서는 네가 살았을지도 모르는 삶을 경험할 수 있어."라고 말합니다. 노라는 후회로 얼룩졌던 자신의 지난

날로 돌아가 새로운 삶을 살아보게 됩니다.

노라는 더 나은 삶이 있으리라는 기대를 안고 '미드나잇 라이브러리'에서의 여정을 떠납니다. 인생의 두 번째 기회를 얻은 노라는 과거에 선택하지 않아 아쉬웠던 삶을 하나씩 살게 됩니다. 미련이 남았던 길로 가게 되면 최고의 삶을 찾을 수 있을까요? 예상하셨겠지만, 이 책은 어떤 선택이든 지금 살아있는 것 자체가 삶의 이유라는 메시지를 던집니다.

지나온 삶에 후회가 없는 사람은 없을 거예요. 인생에서 선택이란 무엇인지, 죽음의 순간에 내 삶에 만족할 수 있을지에 대한 상상력 가득한 이 책을 통해 각자의 느낌을 나누었습니다.

✽ "어린 시절 좋아하던 로버트 프로스트의 시인 『가지 않은 길』이 소설화된 느낌이에요. '단풍 든 숲속에 두 갈림길이 있습니다. 몸이 하나니 두 길을 가지 못하는 것을 안타까워하며, 한참을 서서 낮은 수풀로 꺾여 내려가는 한쪽 길을 멀리 끝까지 다가가 보았습니다.'라고 시작하는 시지요. 가끔 저도 '내가 그 순간 다른 선택을 했으면 어땠을까?'라고 생각하곤 했거든요. 노라처럼 극적인 순간은 아니었지만, 불쑥 밀려드는 후회의 감정으로 혼자 속앓이하기도 했어요. 그래서인지

노라가 가지 않은 길을 탐험하며 자기 삶을 제대로 들여다보는 모습에 감정이입이 되었어요. 후회로 힘들어하던 시절에 '지금도 잘살고 있다.'라고 도닥여주지 못했던 제 모습이 안타까웠어요. 내게 주어진 것에 만족하며 현재를 충실하게 살아가야겠다는 다짐을 했습니다."

🔵 "맞아요. 저도 두고두고 돌아보게 되는 순간이 있어요. 출산과 육아로 경력이 단절된 제 상황을 보며 '그때 회사를 관두지 않았더라면?'이라고 상상합니다. 다시 온 취업의 기회를 선택할 수 있는 여지가 있었는데도 쉽게 기회를 떠나보냈던 경험도 떠오르고요. 지금까지도 당시 선택에 아쉬운 마음이 컸었는데 책을 읽으니 과거를 후회하기보다 생생하게 진행되는 지금 삶에 최선을 다해야겠다는 의지가 솟았어요. 이제는 그때의 선택이 실패도 포기도 아니라고 확신해요."

🔴 "누구에게나 '후회의 책'이 있지 않을까요? 내색하지 않을 뿐이겠지요. '다른 남자와 결혼했다면?', '엄마가 하라는 전공 말고 내가 하고 싶은 공부를 했더라면?', '모유 수유를 했더라면?', '영어유치원을 보냈더라면?' 등등 후회의 연속이지요. 다른 관점으로 바라보면 분명히 그 순간의 선택은 최선이었을 거에요. 결국 중요한 것은 책에도 나와 있듯이 '무엇을 보

느냐가 아니라 어떻게 보느냐에 달려있다고 생각해요. 삶의 값어치는 나의 마음이 매기는 거니까요."

☀ "저도 여러분들의 의견에 동의하며 책을 읽었어요. 완벽한 삶은 존재하지 않지요. 지금 삶에 충실해야겠다고 다짐했어요. 죽음의 순간이 와도 긍정의 마음으로 잘 살아왔다며 웃는 모습으로 눈감고 싶어요. 저는 책에 드러난 장치들이 재미있었어요. 도서관을 삶과 죽음의 경계가 있는 마법의 공간으로 잡은 점이 흥미로웠어요. 책과 도서관을 통해 노라의 다양한 삶이 펼쳐지는 스토리가 흥미진진했습니다. 우리는 책을 읽으며 경험하지 못했던 삶을 살아보게 되잖아요. 책을 통해 선택의 기로에서 힌트를 얻기도 하고요. 내 삶의 방향이 바뀌기도 하지요. 저자가 책을 하나의 삶으로 바라보며 독자에게 의미를 전달하고자 매개체로 정한 건 아니었을지 짐작해요. 이 책을 읽고 도서관 서가에서 책을 고르면서도 '어떤 삶을 살아볼까?'라는 엉뚱한 발상을 하게 되었어요."

상상력이 가득한 이야기는 놀라운 힘을 갖습니다. 현실에 없는 세계를 생생하게 그려줍니다. 꿈, 환상의 세계는 물론 삶의 어두운 부분이라고 여겨지는 죽음도 스스럼없이 저자의 상상력으로 현실에 있을 법하게 만들어 내지요. 생동감 있는 상황의 흐름은 나와 주인공을 동일시하고 저자가 전달하고자 하는 메시지를 몸소 느끼게 해줍니다. 미련이 남았던 선택의 순간도, 후회로 남는 어제의 일들도, 앞으로 닥칠 미래의 삶도, 죽음까지도 담담히 나만의 이야기로 재탄생하지요.

처음엔 『해리 포터』처럼 마냥 판타지 이야기인 줄로만 알았던 이 책을 읽으면서 책 모임 엄마들은 삶의 가치에 대한 깊은 통찰을 엿보았습니다. 더불어 책이 가지는 매력에 다시 한번 빠지게 되었지요. 엄마들이 그랬던 것처럼 아이들도 책을 통해 무한한 상상을 즐기기를 바란다고 입을 모아 말했어요. 도서관 서가에 서성이며 아이들이 만날 다양한 삶에 기대를 한껏 품었습니다.

1. 아이에게 동화책을 읽혀요.

과학책, 사회책, 역사책 등 다양한 분야의 책이 있지만, 아이에게 동화책을 꼭 읽히기를 추천합니다. 동화책은 기발한 생각과 상상이 더해 스토리가 이루어집니다. 학교 일상뿐 아니라 현실에서 일어나지 않는 환상의 세계로 모험을 떠나게 해주지요. 동화는 공상적, 서정적, 교훈적인 내용이 바탕에 깔려 있기에 아이의 마음을 풍요롭게 해줍니다. 저학년 때 시작한 동화책은 학년이 오르며 소설책으로 옮겨갑니다. 아이는 이야기의 재미에 푹 빠집니다. 또한 아이는 일련의 사건이 수백 페이지를 걸쳐 어떻게 전개되는지 이해하며 언어에 대한 감각도 좋아집니다.

2. 무한한 상상력을 존중해주세요.

아이들은 엉뚱합니다. 생각지도 못했던 말들을 아무렇지도 않게 하곤 하지요. 이미 틀에 박힌 생각과 행동을 하는 어른들과는 달리 아이들의 표현은 자유롭습니다. 아이들의 통통 튀는 엉뚱함을 열린 마음으로 바라봐주세요. 바로 지금이 무한한 상상력이 발휘되는 순간입니다. 어른들의 관점으로는 미처 생각할 수 없었던 놀라운 생각들이 샘솟기 시작할 거예요. 아이들의 상상력이 마음껏 펼쳐질 수 있도록 곁에서 응원과 격려를 보내주세요. 아이에게 더할 나위 없는 큰 힘이 될 겁니다.

나에게, 아이에게 필요한 공부는
무엇일까 _『공부의 미래』

『공부의 미래』
구본권
한겨레출판
2019

"결국 우리가 통제할 수 있는 것은 사회의 변화도 아니고, 다른 사람의 능력과 생각도 아닙니다. 자신의 몸과 마음을 객관적으로 살펴보는 성찰이 진정한 공부의 출발점이자 공부의 미래인 이유입니다."

3월은 설레는 봄의 시작을 알리는 시기이기도 하지만, 한 편으로는 불안한 시기입니다. 특히 책 모임 엄마들은 2021년 팬데믹 상황에서 어렵게 문을 연 학교에 아이들이 잘 적응할지 불안해했습니다. 그래서일까요? '10년 후 통하는 새로운 공부법'이라는 서브타이틀은 엄마들의 호기심을 자극했습니다.

저널리스트이자 디지털 인문학자인 저자는 책의 서문에서 '어떠한 지식과 기술이 필요할지 알 수 없는 미래를 대비하기 위해서 무엇을, 어떻게 공부해야 하는가?'를 화두로 던집니다. 그리고 공부의 근본적 물음을 바탕으로 이 책을 쓰게 되었다고 밝힙니다. 인공지능과 로봇이 가져올 변화에 위기감을 느끼는 수많은 학부모, 교사, 학생들에게 미래에 통하는 새로운 교육의 방법을 모색해 다양한 사례를 풀어낸 책입니다.

저자는 사회는 급변하는데 과거에 통용된 전통적 교육과 학습이 여전히 공부의 기준이 되고 있다며 비판합니다. 시대가 바뀌어도 변하지 않는 공부의 본질을 알면 어떠한 위기도 기회가 된다고 이르며 교육의 방향을 제시합니다.

"현직 약사들은 불안해하는데 대학생들이 약대로 몰려드는 이유는 뭘까요?"

강연에서 청중에게 물었더니, 다음과 같은 답변이 나왔습니다.

"거대한 물결이 밀려와도 자신은 예외일 수 있을 거라는 생각을 하지 않을까요?"

"어차피 어느 분야나 미래가 불안하긴 마찬가지인데 그래도 자격증이 있으면 안심되지 않을까요?"

교사 대상 연수 자리에서도 같은 질문을 했는데, 어느 선생님이 이렇게 답했습니다.

"그거요. 대부분 엄마가 하라고 해서 하는 겁니다."

구본권, 『공부의 미래』, 한겨레출판, p.84

본문의 내용을 보고 뜨끔했습니다. 제 아이에게도 후행하는 기준으로 성공과 안정성을 보장하는 직업을 추천하고 있었던 건 아닌지 생각이 들었습니다. 이 책에서 미래학자들은 특정한 자격증이나 지식으로 미래를 준비하려는 태도는 어리석은 시도라고 말합니다. 미래를 현재의 잣대로 대비하려는 시도는 무의미하다고 해요. 알 수 없는 것이 '미래'이기에, 미래학자들의 의견이 모두 맞는다거나, 엄마의 판단이 모두 틀린다고 말할 수 없습니다. 다만 자녀의 미래를 좌지우지할 수 있는 엄마의 판단, 기대, 조언이 얼마나 중요한지를 깨달을 수 있었지요.

저자가 제안하는 10년 후 통하는 새로운 공부법을 읽고, 학부모인 우리가 지금 해야 하고, 할 수 있는 일에 대해 진지한 토론을 이어 나갔습니다.

✳ "우리나라 청소년들이 앞으로 가장 오래 살 것으로 예상되지만, 일자리는 가장 불안한 세대가 될 거라는 부분에서 가슴이 철렁했어요. 새 학기라 학교에서 요청한 기초 환경 조사서를 작성하면서 부모가 원하는 장래 희망란에 무얼 적을까 행복한 고민을 하고 있었는데 뒤통수를 세게 맞은 느낌이었습니다. 내가 바라는 직업이 아이의 미래엔 주목받지 않는 직업일 수 있겠구나 생각했습니다. 또한 특정한 직업을 고수하겠다는 저의 생각이 얼마나 편협했는지 반성했습니다. 아이의 미래는 직업보다 역량에 중심을 둬야겠다고 깨달았어요. 기계에 대체할 수 없는 인간만이 가지는 고유의 능력을 어떻게 키워줄까 고민이 되었습니다. 책에서 '독서는 많이 생각하고 또 깊게 생각하는 습관을 들이며 비판적 사고의 첫 단계가 된다.'고 말했잖아요. 그 부분에서는 지금 하는 책육아 덕분에 조금 안심이 되었습니다."

🏠 "미래 사회에 AI가 지배한다고 코딩학원이 열풍이던데, 이 책을 보고 미래 교육의 근본을 생각하게 되었어요. 코딩 교육은 어디까지나 스킬이 아니라 디지털 사고력에 중심을 둔다는 말에 고개를 끄덕였어요. 영어도 그렇지요. 아이들이

자라서는 고성능 자동번역기가 상용화될 텐데 영어를 굳이 열심히 시켜야하는지 의문이 들었거든요. 그런데 책에서 미래에는 다른 문화와 소통하는 도구로 영어 학습 자체가 불필요한 것이 아니라 강조하지요. 학습하는 방법만이 최첨단이 된다는 얘기에 공감했습니다. 결국 배우는 법을 배워야 해요. 아이에게 단순히 습득에서 머물지 않고 '지식을 어떻게 나에게 적용할까?', '나에게 필요한 공부는 무엇일까?'라고 생각하는 힘을 길러줘야겠어요."

"맞습니다. 공부의 본질은 변하지 않습니다. 과거도 그랬고 미래도 그럴 것입니다. 공부는 학습이 아니라 배움에 있어요. 아무리 학교 교육과정이 바뀌고 로봇이 세상을 지배해도 세상을 알고 소통하는 공부의 바탕은 변하지 않을 거예요. 우리 아이들도 이런 공부 본질의 중심에 서 있어야 해요. 그러려면 저자가 말한 것처럼 자기 객관화가 우선시되어야 해요. 내가 좋아하는 것과 싫어하는 것, 잘하는 것과 못하는 것, 아는 것과 모르는 것을 구분하는 것에 끊임없이 성찰이 이루어져야 해요. 메타인지라고 하지요. 우리 아이들도 맹목적인 목표 지향적 공부 말고 흔들리지 않는 배움의 가치를 알았으면 해요."

✦ "그렇다고 당장에 행해지고 있는 우리나라 입시교육을 간과할 수는 없어요. 저자는 미래를 준비하는 방향에서 외부 환경을 파악하는 일이 중요하다고 하잖아요. 아이들이 초등학생이긴 하지만, 앞으로 10여 년간 입시제도가 크게 바뀌지 않는 이상 학벌주의가 만연한 사회 분위기는 크게 변하기 어려울 것 같아요. 그래서 저자가 말하는 미래를 위한 인간 고유의 역량에 힘쓰는 교육을 하면서도, 입시를 위한 공부도 병행해야 한다고 생각해요. 안타깝게도 아직은 학교 점수를 무시할 수는 없으니까요. 적절히 현재와 미래의 중도를 찾아 교육하는 게 현명하지 않을까요? 아이 창의성을 위해 미술관을 가기도 하지만 영어 문법도 배워야 하는 게 현실이니까요."

팬데믹의 영향으로 온라인 수업이 이제는 어색하지 않습니다. 컴퓨터의 전원 켜기도 어려웠던 아이들은 친구들과 화상 회의를 열고 자료를 주고받습니다. 인터넷에서 자유롭게 자료를 검색하고 동영상 편집도 자유자재로 합니다. 갑작스레 찾아온 교육의 변화 같지만, 이미 교육은 미래를 향해 가고 있었습니다. 다만 팬데믹으로 미래 교육의 유속이 빨라진 것이지요.

불안해할 필요는 없습니다. 클릭 하나만으로 디지털 매체를 능수능란하게 다루는 아이들을 믿으세요. 발 빠르게 아이들은 직응

합니다. 엄마가 주변 환경의 속도, 아이의 속도를 따라가면 됩니다. '예전에 엄마 때는 말이야'라는 말은 통하지 않습니다. 엄마는 앞으로 변하는 공부의 미래를 민감하게 살피고 아이 교육의 중심을 찾아야 합니다.

아이러니하게도 고대 그리스 철학자 소크라테스가 말한 '너 자신을 알라.'라는 말은 미래에도 유효합니다. 과거, 현재, 미래를 통틀어 인간의 본질은 변하지 않으니까요. 어떠한 위기에도 변화에도 인간을 알고자 하는 공부의 고유한 가치는 소멸하지 않습니다.

현명한 엄마와 아이로 성장하는 팁

1. 미래의 인재는 로봇이 아닌 내 아이입니다.

복잡한 계산, 정확하게 암기하는 능력은 사람보다 로봇이 탁월합니다. 로봇에 대체되는 존재가 되지 않기 위해서는 로봇이 가질 수 없는 역량을 선점하고 있어야 해요. 인간만이 가지는 능력이 아이 미래 교육의 핵심입니다. 이 책의 저자는 창의성, 비판적 사고력, 자기 통제력, 협업 능력 등의 소프트 스킬을 강조하고 있습니다. 이는 외워서 얻어지는 능력이 아니지요. 자기 자신을 이해하고 마음을 다스릴 때 이뤄지는 인간 고유의 영역입니다.

2. 공부 동기를 갖게 하세요.

아이가 공부를 잘하게 하는 방법은 지금이나 앞으로나 같습니다. 학습 동기가 명확한 아이들은 학교 공부뿐 아니라 인생 공부에도 추진력을 장착합니다. 누가 하라고 해서 하는 공부가 아니기 때문입니다. 나의 성장과 인생을 위한 내적 동기는 공부하는 원동력이 되지요. 당장의 시험 점수가 아닌 아이가 좋아하는 일과 잘할 수 있는 일을 찾아 자기 학습 동기를 갖게 도와주세요. 직간접 체험을 통해 다양한 분야를 경험하며 꿈을 찾도록 환경을 조성하세요. 독서, 인터넷 검색, 체험 학습도 좋습니다. 아이가 간절히 원하는 꿈이 있다면 공부에 대한 동기는 저절로 생기기 마련입니다.

3. 아이와 함께 스스로를 돌아보는 시간을 가져보세요.

한 사람의 인생을 행복하게도 불행하게도 만드는 결정적인 차이는 무엇에서 올까요? 똑같은 상황이라도 마음먹기에 따라 결정된다는 것을 우리는 경험으로 알고 있습니다. 마음을 스스로 통제할 수 있다면 어떤 어려운 상황도 극복할 수 있습니다. 아이가 스스로 자기를 돌아보는 습관을 키워주세요. 엄마와의 대화를 통해 연습해보세요. 하루를 마무리하며 오늘 잘한 일과 아쉬운 일을 피드백하세요. 일기를 통해 하루를 돌아보는 것도 괜찮습니다. 아이는 꾸준히 자신을 성찰하는 과정에서 자기 내면을 파악합니다. 환경을 통제하고 자기를 다스리는 능력이 생깁니다. 자기 통제력을 갖추며 여유를 찾고 행복한 삶을 영위하게 될 거예요.

인생은 고통이다. 하지만 무너지지 않을 길은 있다 _『12가지 인생의 법칙』

『**12가지 인생의 법칙**12 Rules for Life』
조던 B. 피터슨
메이븐
2018

"구하라. 그래야 너희가 받을 것이다. 문을 두드려라. 그래야 너희에게 문이 열릴 것이다. 간절히 구하고, 있는 힘껏 두드려야 비로소 더 나은 삶의 기회를 얻는다. 우리 개개인의 삶이 조금씩 나아지면 이 세상도 살기 좋은 곳으로 변할 것이다."

엄마가 되고 뼈저리게 깨달은 점이 있습니다. 치워도, 치워도 집이 깨끗해지지 않더라고요. 어지르는 사람 따로, 치우는 사람은 따로 있으니 말입니다. 저도 모르게 아이에게 "다 놀았으면 정리해야지."라며 잔소리합니다. 하지만 아이에게 이 말이 얼마나 의미 없는 이야기일지 짐작이 되고도 남습니다. 저도 어린 시절엔 정리라고는 모르고 살아왔거든요. 엄마가 "어떻게 네 방은 항상 이 모양이냐?"라고 늘 말씀하셨지만, 제 나름대로는 혼돈 속의 질서가 있다고 생각했습니다. 엄마 말씀을 귀담아듣지 않았어요. 이제야 제 엄마의 고충을 십분 이해합니다.

조금 더 일찍 이 책을 만났다면 지금 집은 달라져 있을지 의문입니다. 이 책의 저자는 '인생에서 누구나 알아야 할 가장 소중한 것은 무엇일까?'라는 질문에 3년간 고심하며 12가지의 답변을 추려 제시했는데요. 그중 하나의 법칙이 바로 '세상을 탓하기 전에 방부터 정리하라.'입니다. 많은 사람이 자신의 불만족과 고통을 남의 탓으로 돌리기 쉬운데, 그래서 비뚤어지고 있다면 진지하게 자신을 되돌아봐야 한다고 말합니다. 내 삶이 깨끗하게 정돈되었을 때 판단력이 바로 서고 강인한 정신력을 갖게 된다고 해요. 사소한 방 정리는 삶이 단순해지고 고통에서 벗어나게 되는 첫걸음이라고 하지요.

먼저 저부터 제 주변을 잘 정리하고, 해야 할 일을 미루지 않았어야 했습니다. 아이들에게 잔소리 대신 행동하는 엄마의 모습을 보여주는 게 현명한 방법이었습니다. 원망 섞인 말투보다는 분명하고 정확하게 내가 원하는 것을 말했어야 했습니다. 그렇다면 집 안은 조금씩 정돈되었겠지요. 머릿속에 불이 번쩍하고 들어오는 순간이었습니다. 엄마는 아이의 주 양육자이지만, 정작 아무도 양육자의 역할이나 태도에 대해 제대로 알려주는 사람은 없었습니다. 이제야 이 책 속에서 양육의 원칙들을 하나씩 발견하고 배우는 저를 발견했습니다.

'인생은 고통이다. 하지만 무너지지 않을 길은 있다.'라고 말하는 이 책은 고된 삶에 무너지지 않고 의미 있는 삶을 사는 지혜를 12가지 법칙에 담아 전하고 있습니다. 이 법칙 중에서 내 삶에 가장 적용하고 싶은 것은 무엇인지 함께 의견을 나누었습니다.

✂

❋ "제가 제안했던 책이었는데, 다들 어떻게 읽으셨는지 궁금해요. 요즘 유명하기도 하고, 논란이 많은 저자이기에 궁금했거든요. 책도 어려웠지만 읽는 내내 전하고자 하는 통찰이 강하게 느껴져서 몇 가지라도 내 삶에 적용해봐야겠다는 생각이 들었어요. 특히 첫 번째 법칙인 '어깨를 펴고 똑바로 서라.'에서 고개를 끄덕였습니다. 몸의 자세가 갖는 의미에 대해 다시금 생각하게 되었어요. 자세부터 곧게 펴는 게 신경화학적, 정신적으로 도움이 된다고 하니 오늘부터 구부정하

고 웅크린 자세는 버리려고요. 자세를 곧게 하면 자존감까지 올라가리라 기대합니다. 누구에게도 주눅 들지 않고 당당한 사람으로 살고 싶어요."

"저도 허리를 곧게 펴고 정면을 보려고 노력해야겠어요. 워낙 저명한 책이라 '혼돈의 해독제'라는 부제의 의미를 되새기며 12가지 법칙을 이해하려 했어요. 인생의 의미는 혼돈과 질서의 경계선에 있고, 둘 사이에 조화로운 경계를 찾아야 한다는 구절에서 내 삶의 혼돈과 질서는 무엇일까 정리해 보는 계기가 되었습니다. 삶은 고통이라는 전제에 공감했어요. 결혼하면 모든 불안은 사라질 것만 같았는데 아이를 낳고 다른 생명을 책임진다는 막중한 임무에 혼돈은 더욱 가중되었지요. 불안은 죽을 때까지도 함께하겠지요. 저는 12가지 법칙 중 '아이들이 스케이트보드를 탈 때 방해하지 말고 내버려 두어라.'라는 법칙이 인상적이었습니다. 엄마 마음으로 가장 끌렸어요. 엄마 인생이 혼돈의 결정체이듯 아이들의 인생도 그렇겠지요. 안전한 길만 보장되지 않지요. 아이들은 끊임없이 넘어지고 위험에 처할 거예요. 위험하다고 그 길을 부모가 섣불리 막아버리면 아이들은 어떤 도전도 발전도 없을 거예요. 때론 넘어지는 걸 알면서도 아이에게 스케이트보드를 허락하듯이 아이 인생에 혼란이 와도 스스로 해결하며 질서를 찾을 수 있는 기회를 줘야겠어요. 사실 이 책 읽기가 너무 힘들었어요. 저자가 제시한 예시들이 설득력이 있으면서도, 방대하고 난해했어요. 제가 심리학이나 역사, 철학, 종교 분야에 너무 지식이 부족하다는 것을 절실히 깨달았습니다. 읽는데 고생을 좀 했어요."

"저도 책장이 잘 안 넘어갔어요. 그런데도 가장 적용하고 싶은 법칙은 '세상을 탓하기 전에 방부터 정리하라.'예요. 가끔 저에게 닥친 난관을 남의 탓으로 돌린 적이 있거든요. 아이의 올바르지 못한 행동에 저보다는 남편을 탓하기도 하고요. 돌아보면 저 자신부터 가다듬으면 주변도 긍정적인 방향으로 바뀌더라고요. 책을 읽으며 물리적인 방 말고도 제 마음 속의 방부터 정리해야겠다고 의지를 다졌습니다. 다들 '아이를 제대로 키우고 싶다면 처벌을 망설이거나 피하지 말라.'라는 법칙에 대해서는 어떻게 생각하세요? 아이를 키우는 입장에서 훈육은 피할 수는 없지만, 아이는 꽃으로도 때리지 말라는 시대에 저자의 이런 주장은 충격이었어요. 맥락 없이 들으면 시대를 역행하는 발언 같아요."

"저자가 논란이 되는 이유가 바로 그런 점이 아닌가 싶어요. 부모가 폭력으로 위압적인 태도를 취하는 건 위험하다고 생각해요. 저자는 물리적인 폭력이 아닌 부모의 일관된 양육 태도를 강조했으리라 해석했어요. 엄마에게 욕설하거나 주먹질하는 아이, 친구를 아무렇지 않게 꼬집는 아이를 보면 아이보다 부모 훈육에 문제가 있는 경우가 다반사죠. 체계도 규제도 없는 훈육은 아이를 공격적이고 이기적인 사람으로 자라게 할 테니까요. 부모는 권위를 가지고 아이의 잘못된 행동을 교정하고 훈육해야 하는 책임 있는 어른이라고 생각해요. 그런 면에서 아이에게 행해지는 처벌은 때론 필요하지요. 당연히 폭력이 아닌 다른 방법으로요. 저는 '길에서 고양이를 마주치면 쓰다듬어 주어라.'라는 법칙도 감명 깊었어요. 아픈 딸을 위해 인내와 헌신을 다한 에피소드를 보고 '저자는 인간의 존재와 고통의 한계에 대해 깊은 성찰을 해왔구나.'라고 생각했어요. 힘들고 어려울 때일수록 아주 사소한 아름다움을 볼 수 있어야 한다는 메시지가 와닿았습니다."

일부러 육아서를 고른 것도 아닌데 부모가 되어 읽은 책이라서 그런지 인문 교양서를 읽고도 양육에 대한 부분에 눈길이 갔습니다. 목차에 정리된 12가지 법칙만 읽어보더라도 양육에 관련된 법칙이 여럿이고 말이지요.

부모가 된다는 것은 아이를 낳는 순간부터 끊임없이 경험하고 배우며 부모의 역할을 알아가는 과정입니다. 엄마라 불안한 게 아니라 인생은 원래 혼돈 안에 있습니다. 그저 우리는 인생에 대해 깊이 고민하고 좋은 습관을 내 것으로 만들며 더 나은 내일의 부모로 사는 것이지요. 그래도 불안할 거예요. 노력할 뿐이지요.

인생을 바라보는 시각을 넓힐 수 있었던 유익한 계기가 된 토론이었지만, 다음 책은 좀 더 가벼운 책을 읽자고 한바탕 웃으며 진중했던 토론을 마무리했습니다.

현명한 엄마와 아이로 성장하는 팁

1. 아이 방은 아이가 정리해요.

방 정리는 마음을 가다듬는 방법의 하나입니다. 시험공부를 위해 책상을 깨끗이 정돈하며 공부에 대한 결의를 다잡았던 기억이 있으실 거예요. 쾌적한 아이 방은 아이의 정서, 행동에도 질서를 선사합니다. 엄마가 방 정리를 해주어도 무관하지만 아이 스스로 자기 방을 정돈할 수 있는 기회를 주세요. 아이는 어질러진 방을 정리하며 마음을 다스리는 훈련을 할 거예요. 또한 자기 공간에 책임 있는 태도를 실천하며 주체적인 삶을 배웁니다. 엄마 먼저 모범을 보이면 더할 나위 없이 좋겠지요. 마음이 심란할 때는 집부터 정리해보세요.

2. 단호함을 보여주세요.

아이가 집 밖에서 천방지축으로 행동하는 모습을 바라는 부모는 없을 겁니다. 아이가 밖에서도 사회의 윤리, 규칙을 지키고 남을 배려하는 모습으로 성장하도록 돕는 게 부모의 역할이기도 합니다. 어떤 행동을 해도 사랑스러운 아이일수록 훈육에 있어 단호한 모습을 보여주세요. 아이 관계에 있어 친구같이 애정 어린 농담과 스킨십이 넘쳐나도 상하관계가 무너지면 위험합니다. 어른은 어른의 자리에서 일관되고 분명한 모습을 보여줘야 해요. 아이는 친구 같은 부모보다 의지하고 존경하는 부모를 원합니다. 남을 해치는 언어, 위험한 장난, 폭력적인 행동에는 단호한 지침이 필요합니다. 화를 내며 무섭게 하라는 말이 아니에요. 그릇된 행동을 진중하게 가르쳐주고 올바른 방향을 제시해주세요.

3. 오직 어제의 아이하고만 비교하세요.

'그러지 말아야지' 하면서도 옆집 아이의 이름이 거론되며 비교하는 말이 튀어나옵니다. 남편이 옆집 아줌마와 비교하면 질색할 거면서 아이에게 그런 잔인한 일은 절대 하지 말아주세요. 남녀노소를 불문하고 남과의 비교는 열등감만 키우고 스트레스만 줄 뿐입니다. 지금의 아이를 개선하고 싶다면 월등한 누군가와 비교하지 말고 어제의 아이와 비교하세요. 좌절이 아닌 어제보다 성장한 오늘의 아이 모습을 발견할 수 있을 겁니다. 좋은 습관은 한순간에 만들어지지 않습니다. 하나씩 실천하며 조금씩 나아지는 오늘의 아이를 힘껏 칭찬해주세요. 내일은 분명히 더 나은 아이가 되어 있을 거예요.

자기 자신을 잃고
가면을 쓰고 있지는 않은가? _『임포스터』

『임포스터』
리사 손
21세기북스
2022

　"우선 아이 스스로 울고 싶을 때는 울고, 화내고 싶을 때는 화를 내고, 짜증이 날 때는 짜증을 낼 수 있도록 허용하는 것이 좋다. 자신의 감정을 표현할 수 있을 때, 아이는 그대로의 자기와 마주하고 만날 수 있다."

완벽주의이신가요? 저는 그렇습니다. 어려서부터 착한 딸로 보이길 원했습니다. 부모님께 서운한 감정이 있어도 그대로 드러내지 못하고 속으로 삭이는 편이었어요. 항상 순종적이었지요. 친구들에게도 성격 좋은 친구로 보이길 바라며 배려가 넘치는 척 행동한 날이 숱하게 많습니다. 지금도 주변 사람들에게 친절하고 좋은 사람으로 평가되기를 바랍니다. 아이에게는 완벽한 엄마로 인생의 안내자이기를 자처해요.

피곤하게 살고 있습니다. 임포스터Imposter라고 하더군요. 저처럼 자신을 잃고 가면을 쓰면서 불안 심리에 시달리는 현상인 가면 증후군을 겪는 사람을 말하지요. 『임포스터』라는 책을 통해 개념을 알게 되었습니다. 지금껏 성격으로 치부하며 살았는데, 나를 속이며 가면을 썼던 건 아닌지 저를 진단하게 되었어요. 가면을 쓴 부모가 아이에게까지 대물림할지도 모른다는 말에 경각심을 가지며 읽게 된 책입니다.

이 책은 임포스터가 무엇인지, 아이가 자신에 대해 믿음을 갖고 솔직하게 살 수 있도록 하기 위해서는 부모의 양육 태도는 어떠해야 하는지 설명하고 있습니다. 부모로서 아이에게 바랐던 '착해야 한다.', '늘 겸손해야 한다.', '무엇이든 잘해야 한다.'라는 생각이 아이에게 가면을 씌우는 일이라며 경고하고 있어요.

책에서는 자신을 객관적으로 바라보는 메타인지를 통해 진정한 자아로 성장해야 한다고 말합니다. 비단 아이에게만 해당하는 이야기가 아니라, 부모에게도 보내는 메시지입니다. 혼자 사는 세상이 아니기에 가면이 필요한 경우가 있겠지만, 중요한 것은 솔직한 '나'의 모습을 잃지 않는 것이라고 말하고 있어요.

저자가 자신을 속이고 가면을 썼던 경험을 실어서인지 저의 경험을 돌아보게 되었습니다. 학창 시절에, 사회생활을 하며, 학부모들을 만나며 진솔한 모습이 아니었던 저를 발견했습니다. 더불어 부모로서 알게 모르게 가면을 쓰며 행동했던 순간들이 머릿속에 스쳐 지나갔습니다. 책 모임 엄마들도 비슷한 지점에서 공감했어요. 각자 자신의 경우를 말하며 반성하고 다짐했습니다.

※

❋ "이 책을 통해 '겸손'에 대한 개념을 다시 생각하게 되었어요. 지금까지도 아이가 학교에서 잘난 척하지 않았으면 하는 생각이 컸거든요. 그래서 수업 시간에 아는 거 있다고 다 말하지 말고 지나치게 나서지 말라고 얘기했었어요. 또 가끔 보는 할머니, 할아버지가 아이에게 '종이접기도 잘하네.' 칭찬이라도 하면 잘난 척하는 아이로 자랄까 봐, '유튜브 보면 누구나 다 해요.'라고 말하며 아이의 노력을 인정해주지 않았습니다. 겸손이 몸에 배게 교육해야겠다는 제 의도와는 달리 어느 순간 아이의 자신감이 떨어지더라고요. 학교에서 발표 횟

수가 줄었습니다. 열정을 다하던 일에도 점점 흥미를 잃더라고요."

"겸손이 미덕이라고 생각하는 우리 문화 때문인지 아이에게 겸손은 필수 덕목처럼 여겨집니다. 우리의 학창 시절을 떠올려보면, 시험 기간에 열심히 공부해 놓고 누가 물어보면 '공부 하나도 못 했어.'라며 숨기곤 했잖아요. 이 책을 통해 무작정 자기를 낮추고 노력을 깎아내리는 게 겸손이 아니라는 걸 깨달았어요. 며칠 전 학교 선생님과 상담했던 게 떠올랐습니다. 선생님께서 말씀하시길 아이 판단에 잘하지 못할 과제에 대해서는 아예 시도조차 하지 않는다고 하셨거든요. 충격이었습니다. 아이는 평소 똘똘하다는 얘기를 들어와서인지 결과가 좋지 않았을 때를 예측하며 자기방어적으로 결정해버린 거였죠. 아이에게 타고난 머리, 결과 위주로 평가했던 건 아닌지 반성하게 되었어요. 서툰 모습은 자연스러운 과정이며, 실수도 인정하고 성장의 발판이 된다고 알려줘야겠습니다."

"네, 메타인지적 칭찬이 필요합니다. 아이에게 완벽할 필요가 없다고 알려줘야 해요. 학습 과정에서 실수하고 좌절하는 과정 자체가 성장의 자양분이 된다는 인식이 되도록 말이에요. 아이의 노력 정도를 인정하고 아이를 있는 그대로 믿어야겠지요. 메타인지는 '용기'라고 정의한 저자의 말에 공감합니다. 자기 자신의 장단점을 가감 없이 바라보고자 하는 용기, 모르는 것을 알고자 하는 용기, 노력하고 애먹는 모습을 그대로 보여주는 용기 말입니다. 스스로 평가절하하지 않고 아는 것은 나누고 모르는 것은 채워가는 용기가 진정한 메타인지 같습니다."

☀ "저는 이 문구가 자꾸 마음에 걸렸어요. '부모에게는 아이가 스스로 표현할 수 있을 때까지 기다려주는 믿음이 필요하다.' 엄마 눈치 보며 공부하는 아이, 엄마 기분에 따라 행동이 바뀌는 아이를 보며 제가 했던 행동들을 반성하게 되었어요. 뭐든 잘하는 슈퍼맨으로 아이를 만들려고 했던 건 아닌지……. 불완전함이 곧 행복인데 말이지요. 저 또한 자라며 수많은 실수를 거듭했던 사실을 망각했던 것 같아요. 아이가 메타인지를 적절하게 활용하여 적어도 자기 자신에게만큼은 솔직하고 당당했으면 좋겠습니다."

우리는 남에게 잘 보이기 위해서 과정은 덮고 성공한 결과만 보여주는 인생이 얼마나 허무한지 잘 알고 있습니다. 그런데도 내 아이에게 완벽함을 강요한 건 아닌지 돌아보았습니다. 완벽하지 않음을 인정하고 나답게 사는 게 행복하다는 사실을 새삼 확인했습니다. 그리고 아이를 먼저 믿어야겠다고 다짐했습니다. 최소한 집에서만큼은 아이가 울고, 웃고, 짜증 내고, 화내는 감정을 진솔하게 드러내야 하니까요.

현명한 엄마와 아이로 성장하는 팁

1. 메타인지적 겸손을 알려주세요.

겸손은 자신이 잘하는 일에 잘난 척하지 않고 자신을 드러내지 않는 모습을 말합니다. 겸손한 사람은 자기 자랑을 하지 않지요. 하지만 진짜 겸손한 사람은 자신의 장점을 그대로 인정합니다. 무조건 자신을 낮추지 않습니다. 자신을 인정하고 모르는 것은 배우려는 자세가 장착되어 있습니다. 아이에게 진정한 겸손의 미덕을 심어주세요. '내가 잘한 일은 숨겨야 해.'보다 '나는 열심히 했어. 인정받을만해.'라며 자신을 자랑스러워해야 해요. '이런 면은 내가 부족하니 노력해보자.'라며 자신을 객관적으로 바라보는 안목을 갖도록 말이지요.

2. 아이를 기다려주세요.

어른이 된 우리는 종종 아이가 가는 길 어디쯤 실패와 좌절이 있을지 예측할 수 있습니다. 아이가 아름다운 꽃길만 걷길 바랐으면 하는 게 부모 마음이지요. 안전한 길을 두고 굳이 울퉁불퉁한 길을 가겠다는 아이를 말리고 싶습니다. 하지만 섣불리 아이의 길을 재단하지 마세요. 부모가 안내해 준 길을 가지 않더라도 아이가 선택한 길이라면 믿고 기다려주세요. 넘어지더라도 아이의 몫으로 남겨주세요. 인생에 있어 고난과 좌절은 필연적입니다. 모든 과정이 성장의 발돋움이 된다는 걸 가르쳐주는 게 현명합니다. 좌절하더라도 실패가 아니라는 걸 알려주세요. 아이가 스스로 생각하며 자신을 믿고 자신만의 인생길을 걸어야 합니다. 누구에게도 가면을 쓰며 내면을 감출 필요 없이 용기를 가진 어른으로 자라게 해주세요.

소중한 사람에게 상처 주기 전에
심호흡 세 번 _『기분이 태도가 되지 않게』

『기분이 태도가 되지 않게』
레몬심리
갤리온
2020

"감정에는 좋고 나쁨이 없다. 감정에서 야기되는 행동에 좋고 나쁨이 있을 뿐이다."

사람들이 무슨 책을 읽는지 궁금합니다. 서점의 베스트셀러 목록을 살펴보며 보통 사람들의 관심사를 예측해요. 책을 펼쳐 읽기란 쉽지 않지만, 이렇게 둘러보는 일은 어렵지 않고 꽤 재미있습니다. 책의 표지와 카피만 읽어봐도 벌써 책을 반쯤은 읽은 것만 같은 기분도 들고 말이지요.

유난히 자주 마주치는 책이 한 권 있었습니다. 아마도 베스트셀러라서 그렇겠지요? 독특한 표지와 제목은 지나칠 때마다 호기심을 불러일으켰습니다. 무표정한 세 사람이 팔짱을 끼고 한 곳을 향해 걷는 모습도, 띠지에 적힌 문구도 예사롭지 않아 보였습니다. 게다가 『기분이 태도가 되지 않게』라는 제목이 눈길을 확 끌었습니다. 날마다 저에게 거는 주문입니다. '제발 오늘만은 기분 따라 행동하지 말아야지.' 다짐하고 지키지 못해 후회하는 게 다반사거든요.

오늘의 나는 어른이지만, 한 편으로는 어른답지 못할 때가 수두룩합니다. 몸은 이제 늙기까지 하는데, 마음은 왜 다 자라지 못하고 아이 같기만 한지 모르겠어요. 투정도 많고, 불평도 달고 살아요. 이런 나의 모습을 감추고 어른스러운 척해보지만, 불쑥 튀어나오는 성숙하지 못한 나를 들킬 때마다 얼마나 당황하는데요. 아이들과 함께 있을 때면 더욱 아찔합니다. '종로에서 뺨 맞고 한강에서 눈 흘긴다.'라는 옛말처럼 속상했던 마음을 아이들에게 화풀이 한 날은 부끄러움에 몇 번이고 이불킥을 날리곤 하지요.

이 책은 저처럼 기분을 잘 다스리지 못해 기어이 못난 태도를 보여주고 마는 사람들을 위해 쓰였습니다. 저자는 감정을 통제해야 인생을 통제할 수 있다고 말합니다. 우리는 왜 감정에 흔들리는지, 어떻게 해야 나의 행동에 미치는 감정의 영향을 줄일 수 있는지를 알려줍니다. 감정에 끌려다니는 노예가 아니라 주인으로 바로 서는 방법을 설명해주고 있습니다.

책을 읽어보니 저만 기분이 태도가 되는 것 같지는 않아 동질감을 느꼈습니다. 사람은 누구나 감정이 있기에 늘 이성적으로 행동할 수 없지요. 아이에게 화를 내봤자 후회만 밀려오는 상황인걸 알면서도 그 순간에는 버럭하는 나의 모습을 발견하니까요. 이 책에서 조금이나마 기분을 현명하게 다룰 방법을 배우고 싶었습니다.

※ "저는 제 친구들에게 둘도 없는 심리상담사거든요. 친구에게 위로가 필요할 때 감정을 읽어주고 조언도 잘해줘요. 친구도 저와 얘기하면 답답한 속이 풀린다고 고마워해요. 하지만 정작 저 자신의 기분은 어루만지지 못했어요. 저에게도 감정적으로 힘든 시기가 있었는데, 감정을 계속 억누르기만 했거든요. 누구에게도 말하지 못하고 속만 끓였죠. 책을 읽고 반추해보니 가슴 속 박힌 응어리는 나를 읽지 못한 데서

생긴 것 같아요. 그저 힘든 감정을 잊으려고만 했거든요. 왜 그랬는지, 어떤 상황이었는지 파악하려고 하지 않았어요. 이제는 친구가 저와 얘기하며 문제의 실마리를 풀었던 것처럼 저 자신에게도 진심으로 묻고 감정을 정확하게 파악해야겠어요."

● "밝게만 느껴졌는데 그런 시기가 있으리라고는 상상할 수가 없네요. 지금은 심리 상담이 보편화되었지만, 얼마 전까지만 해도 이런 기회가 많지는 않았잖아요. 저도 가끔 저의 마음을 털어놓고 위로받고 싶은데 꾹 참는 경우가 많아요. 최근에 밖에서 기분 상했던 일 때문에, 별것도 아닌 일로 하교한 아이에게 화를 내고 말았어요. 좋게 이야기할 수 있었는데 제 기분이 태도가 되고 말았어요. 밖에서는 아무 말도 못하고 약자인 아이에게 화풀이한 것 같아 내내 마음에 걸렸어요. 책에서 '내 감정은 내 책임이다.'라는 말에 공감해요. 좋고 싫은 감정은 자연스러운 현상이지요. 나의 분노는 아이가 아닌 저의 것이었어요. 이성으로 제 감정을 제어하지 못하고 아이의 기분까지도 망쳐버렸죠. 쉽지 않지만, 화가 끓어오를 땐 '하나, 둘, 셋'을 세며 오늘도 노력해봅니다."

● "저는 하루하루가 그런걸요. 아이에게는 미안하지만 우리도

평범한 사람이니까 어쩔 수 없이 기분에 휘둘리는 게 아닐까요? 그래서 전 항상 달달한 것을 가까이 둬요. 기분이 나빠질 것 같은 순간에 당 보충을 해요. 책에서 그 부분이 나와 반가웠어요. 확실히 좋은 태도는 체력에서 나오는 게 분명해요. 기분은 우리가 먹는 음식, 수면의 질, 호르몬 변화, 컨디션에 따라 좌우되잖아요. 갓난아기도 잠을 제대로 자지 못하거나 배가 차지 않으면 짜증을 엄청나게 부리잖아요. 육아에 있어 단단한 체력과 함께 커피, 초콜릿은 필수인 것 같아요."

☀ "이성적인 마음으로 하는 육아가 쉽지만은 않네요. 한 번에 알아들으면 좋으련만 아이들은 그렇지 않으니까요. 생각해보면 아이는 왜 꼭 엄마 말을 잘 들어야 하고, 왜 엄마가 원하고 바라는 대로 행동해야 할까요? 입장 바꿔 생각해보면 엄마도 모든 일에 아이의 의사를 묻고 행동하지는 않을 텐데 말이에요. 아이에게도 엄마와 같은 자유가 있다고 생각하면 엄마가 화부터 낼 일은 아니라는 걸 깨달았어요. '상처 주기 전에, 심호흡 세 번'을 기억해야겠어요. 쉽지 않겠지만요. 통제욕을 버려야 내 마음이 편안해진다는 포인트에 밑줄 쫙 그었습니다."

'소중한 사람에게 상처 주고 싶지 않은 마음만 있다면, 충분히 태도를 선택할 수 있다.'는 저자의 말에서 용솟음치는 엄마의 감정을 잠재울 수 있으리라는 용기를 얻었습니다. 아이의 정서를 소중히 생각한다면, 기분 따라 행동하기 전에 마음속으로 일시 정지 버튼을 누르고 정말 화낼 일인지 되새겨야 해요. 머리로는 알지만 실천하기 쉬운 일은 아닙니다. 엄마의 태도에 따라 아이의 기분은 크게 달라지기에 결코 간과해서는 안 되지요.

베스트셀러를 훑어보기 좋아하는 저의 지적 허영심이 좋은 책을 만나게 되는 계기가 될 줄은 몰랐습니다. 꽤 오랜 시간 책 모임을 갖고 토론해왔지만, 이전에는 알지 못했던 서로의 속마음도 알게 되었어요. 이래서 책 모임을 사랑하지 않을 수가 없습니다. 다음엔 어떤 책을 만나게 될까요? 또 어떤 토론을 펼치게 될까요? 사뭇 기대됩니다.

현명한 엄마와 아이로 성장하는 팁

1. 엄마의 기분이 최우선입니다.

인간의 신체와 정신은 긴밀하게 연결되어 있어 몸의 컨디션은 감정에 지대한 영향을 미칩니다. 아이에게 건네는 다정한 한 마디는 엄마의 튼튼한 체력에서 시작됩니다. 뚜렷한 이유 없이 기분이 안 좋을 때는 밥은 제대로 챙겨 먹었는지, 잠은 잘 잤는지, 운동은 조금이라도 하고 있는지 점검해 보세요. 분명히 원인을 찾을 겁니다. 부정적인 생각은 떨쳐내세요. 나의 기분과 감정은 어떤지, 스트레스는 없는지 살펴서 기분을 내 편으로 만들어요. 소중한 아이에게 상처 주지 않기 위해 나 자신을 최우선으로 살펴야 합니다.

2. 아이의 감정을 인정해주세요.

우리는 으레 즐겁고 기뻐야 정상적인 감정이라고 생각합니다. 울거나 떼를 쓰면 부정적이라고 생각합니다. 하지만 매사 기쁘고 즐겁기만 하지는 않습니다. 화가 나거나 투덜대는 것도 자연스러운 감정의 일부분입니다. 엄마의 기분을 맞추기 위해 아이가 부정적인 감정을 계속 감춘다면 결국엔 자기를 부정하고 미워하게 됩니다. 거짓 얼굴을 하게 되지요. 아이의 다양한 감정을 인정해주세요. 부정적인 감정은 감정이되, 잘 흘려보내면 됩니다. 생각보다 기쁨이나 슬픔은 그리 오래가지 않습니다. 인간은 망각의 동물이거든요.

3. 좋은 허영심을 키워주세요.

아이들은 자랑하기를 좋아합니다. 자기가 가진 좋은 것을 뽐내지 못해서 안달이지요. 겸손이 미덕인 우리 사회에 허영심이라니, 엄마는 얼굴이 붉어지고 말리려고 애를 쓰지요. 아름다운 사람, 좋은 사람, 능력 있는 사람으로 보이고 싶은 허영심은 누구나 가지는 인간의 본능입니다. 지나친 허영심은 문제가 되겠지만, 열등감에 사로잡히는 것보다 허영심을 잘 다루어서 긍정적으로 발휘되도록 도모하세요.

제가 책을 열심히 읽지는 않지만, 베스트셀러 목록에 진심을 다하는 지적 허영심이 있듯이 아이들은 읽지도 못할 두꺼운 책을 고를 수도 있습니다. 도서관에서 읽지도 못할 양의 책을 왕창 빌려올 수도 있어요. 아이들의 지적 허영심을 단칼에 자르지 말고 행동하는 대로 지켜봐 주세요. 당장 읽지 못해도 괜찮습니다. '읽겠다더니 왜 안 읽어?'라며 나무라지 말고요. 지금 내보인 허영심은 다음엔 바람직한 지적 욕망으로 발휘될 수도 있으니까요. 다음을 위해 좋은 허영심을 허락해주세요.

나는 누군가에게
의미가 될 수 있을까? _『긴긴밤』

『긴긴밤』
루리
문학동네
2021

"우리가 너를 만나서 다행이었던 것처럼, 바깥세상에 있을 또 다른
누군가도 너를 만나서 다행이라고 여기게 될 거야."

엄마로서 바쁜 일상에 책 읽기란 용기가 필요합니다. 세상을 떠들썩하게 한 베스트셀러가 눈앞에 있어도 선뜻 손을 뻗기 어렵습니다. 시간이 없어서, 마음이 없어서, 혹은 기운이 없어서 책장을 넘기기 버거운 게 현실입니다.

'현대인의 필독서, 놓치지 말아야 할 올해의 책' 등의 문구로 손짓하는 책이 많지만 정작 내가 읽고 싶은지, 내 마음에 와닿는지, 내 일상을 조금이라도 건드려 나를 변화시키는지는 의문이 듭니다. 몇 번을 읽고도 도대체 무슨 말인지, 독서가 어렵게만 느껴집니다. 궁금한 게 있으면 유튜브만 살펴봐도 쉽고 재미있게 설명해주는 정보들이 넘쳐납니다. 굳이 몸과 마음을 다잡아야 하는 종이책과 왜 사투를 벌여야 하는지 회의가 들어요. 독서는 뒷전으로 밀려납니다.

도통 책 읽기가 힘들 땐 아이들이 읽는 동화책을 펼쳐보세요. 책에 대한 마음이 순수했던 어린 시절로 돌아가 보는 것이지요. 책이 흔치 않던 시절, 다락방 한구석에 먼지가 뽀얗게 쌓여있는 동화책을 펼치며 즐거워했던 어린 날의 우리를 어렵지 않게 발견할 수 있습니다.

동화책은 짧지만 긴 여운이 있습니다. 짧은 글 안에 따뜻한 감성과 교훈이 담겨 있습니다. 아이가 동화를 읽으며 삶을 살아가는 가치, 앞으로 품어야 할 소망, 자유롭게 살아가야 할 꿈을 배우게 되듯이, 삭막하고 팍팍한 어른의 일상에도 동화는 따뜻한 위로가 되고 용기를 북돋아 줍니다.

『긴긴밤』도 그런 책이었습니다. '제 21회 문학동네어린이문학상 대상 수상작, 도서관 독서감상문 공모전 아동 부문 선정 도서' 등의 타이틀을 가진 책입니다. 서점과 도서관의 중앙에 눈에 띄게 등장하며 마주치는 어린이책이었지요. 표지엔 인디언핑크빛으로 물든 하늘 아래 푸른 초원의 두 동물이 마주하고 있었습니다. 영롱한 책을 저도 모르게 덥석 집어 들었습니다. 일단 부담스럽지 않은 두께가 마음을 가볍게 만들었습니다. 표지를 만져보니 촉촉하고 보들보들해서 마치 마카롱을 먹는 기분이었어요. 오감을 자극하며 제 손에 책이 착 감겼습니다.

용기를 내보기로 했습니다. 혼자 읽기에는 머쓱함이 앞서 쉬이 책장을 넘기지 못했습니다. 그래서 책 모임 엄마들에게 『긴긴밤』을 함께 읽어보면 어떨지 추천해 보았습니다. 어린이책이라고 관심이 없으면 어쩌나 걱정했는데 모두 선뜻 함께 읽자고 동의해주었습니다. 바닥을 쳤던 독서 의지가 불끈 솟아올랐습니다. 아이처럼 이야기 속으로 빠져들면서 그 안에서 함께 울고 웃고 있는 나를 발견할 수 있었습니다.

❃ "제가 추천했던 어린이책을 다들 어떻게 읽으셨는지 궁금해요. 저는 정말이지 읽는 내내 눈시울이 뜨거워져서 제 마음

을 어찌해야 할지 모르겠더라고요. 전형적이지 않은 이야기가 마음속으로 파고드는 느낌이었어요. 어떻게 전개될지 전혀 예상할 수 없어서 눈길을 뗄 수가 없었어요. 한동안 책 읽기가 정말 힘들었는데 이렇게 몰입해서 책을 읽은 게 얼마만인가 싶어요. 그런데 이 책, 어린이책 맞나 싶은 생각이 들 정도로 심오하지 않았나요? 제 깜냥으로는 다 헤아리지 못했던 부분들이 있었어요. 몇 번이고 돌아가 곱씹어 읽은 구절들이 많았어요. '인생의 동반자란 어떤 의미일까?', '나는 누군가에게 의미가 될 수 있을까?', '희망이 절망으로 변한다면 나는 버틸 수 있을까?'라는 물음표들이 머릿속을 떠나지 않네요."

♠ "저만 그랬던 것은 아니었네요! 저도 『긴긴밤』을 읽으면서 삶에 관해 진지하게 고민하게 되었어요. 분명 술술 읽히는 책인데 어린이의 감성과 어른의 사유가 공존하는 복잡 미묘한 감정이 들었어요. 세상에 하나밖에 남지 않은 흰바위코뿔소와 그가 만나는 동물들을 통해 전하는 삶의 고통과 기쁨은 우리가 살아가면서 경험하고 느끼는 모든 감정들을 그대로 드러내고 있잖아요. 저는 이 책을 아이와 함께 읽었는데 아이는 저와 다른 관점으로 생각의 나래를 펼쳤더라고요. 저는 인생의 의미를 사색했다면 아이는 모험 이야기를 재미있어했

어요."

● "글과 함께하는 그림을 통해 책에 더 몰입할 수 있었던 것 같아요. 주인공 흰바위코뿔소 노든의 분노 어린 눈동자, 노든을 멈춰 세웠던 풍경, 불이 휩쓸고 지나간 땅에서부터 바다까지 이어지는 길까지, 긴긴밤을 생생하게 떠올릴 수 있도록 그림이 도움이 되었어요. 한 편의 영화를 보는 느낌이었어요. 저는 쉴 새 없이 벌어지는 사건들이 지금 우리의 삶 속에 일어나는 일들과 맞닿아있다고 느꼈어요. 약육강식의 세계에서 일어나고 있는 차별, 박해, 갈등이 고스란히 담겨 있잖아요. 그 안에서도 꿋꿋이 피어나는 사랑의 연대는 감동 그이상이었어요. 우리 모두의 인생이 소중하고 의미 있는 이유도 이런 까닭이겠지요?"

☀ "제가 이 책을 읽고 있으니 아이가 다가와서 아는 체를 하더라고요. 학교에서도 권장하는 책이라면서, 엄마가 이 책을 읽고 있으니 신기했던 모양이에요. 중학교에서 수행평가에 인용될 만큼 유명세를 치르고 있는 책이라서 저도 이 책이 궁금했었거든요. 이 책을 추천해주셨을 때, 아이에게 권유하기 전에 제가 먼저 읽어봐야겠다는 마음에 반가웠어요. 운명처럼 읽으니 『긴긴밤』은 어른들을 위한 동화라는 생각이 드네요. 저도 아이들에게 책 읽기를 강조하지만, 독서가 얼마

나 힘든 일인지 잘 알고 있기에 강요할 수는 없거든요. 솔선수범으로 제가 먼저 책을 읽어도 문득 종이와 글자 사이에서 떠돌고 있는 저를 발견하거든요. 그런데 모처럼 책 속에 푹 빠져서 표지를 들춘 순간부터 마지막 책장을 덮을 때까지 단숨에 읽어 내려갔어요. 동화는 어린이를 위한 것이지만 어른이 읽어도 충분히 큰 울림을 주네요."

책 모임에서 여러 책을 함께 읽었지만, 반응이 뜨거웠던 책은 사실 의외인 경우가 많습니다. 고전 동화인 『어린 왕자』, 만화 영화의 원작이었던 동화 『빨강 머리 앤』을 읽고 긴 토론이 이어졌습니다. 어린 시절 한 번쯤 접했던 책인데 엄마가 되어서 다시 읽어보니 숨겨진 의미를 이제야 알 것 같다며 격한 공감을 나누었습니다. 어린 왕자와 앤이 귓가에서 종알종알 말하는 것 같아 책을 중간에 덮을 수가 없었다며 입을 모아 이야기했습니다.

"이리 와, 안아줄게. 오늘 밤은 길거든."

『긴긴밤』의 주인공 흰바위코뿔소 노든이 기나긴 밤을 함께 한 어린 펭귄에게 건네는 위로의 한 마디입니다. 노든은 어느새 저에게 말을 걸고 있었습니다.

'지금의 네가 있기까지 긴긴밤에 너를 향해 함께 하는 누군가가

있었니?'

　나와 긴긴밤을 함께하는 동반자는 누구일까요? 엄마들은 아이들의 긴긴밤을 지켜주는 노든의 역할만 했을지 모릅니다. 남편이 긴긴밤을 함께 할 수도 있겠지만 아이가 생기고 보니 솔직히 남편의 눈과 입이 나를 향해 있지만은 않습니다.

　'외로움에 수많은 긴긴밤을 견딜 때 나의 마음을 다독여 줄 단짝이 책 모임이 될 수도 있겠다.'라고 생각했습니다.『긴긴밤』의 독서 토론이 끝나고 잠자리에 들며 '마음으로 온기를 나눌 책 친구가 있어서 따스한 아침을 맞겠구나.'라며 감성에 젖었습니다. 동화 이상의 위로와 감동이 몰려왔습니다.

현명한 엄마와 아이로 성장하는 팁

1. 함께 읽는 즐거움을 알려주세요.

아이에게 책 읽기가 항상 즐겁기만 하면 좋겠지만, 사실 어른에게도 힘겹게 느껴질 때가 많습니다. 혼자 외로운 항해를 하는 것만 같은 느낌이 들기도 하지요. 아이가 어릴 때야 엄마가 열심히 책을 읽어주어도 아이가 자랄수록 함께 책 읽는 시간은 점점 줄어들기 마련입니다.

그랬던 아이도 신기하게 옆에서 누가 책을 펼치면 뭘 읽나 궁금해서 들여다봅니다. 엄마의 책에 관심을 가지며 아이도 옆에 앉아 책을 집어 들지요. 분위기에 젖어 주변의 다른 책을 들춰보기도 하고, 책 읽는 타인의 모습을 보면서 생각에 잠기기도 합니다.

학교에서 시도하는 온 책 읽기, 지역 도서관에서 주도하는 독서동아리도 함께 책 읽는 문화의 일종입니다. '같이'의 힘으로 낭독도 하고, 토론도 하면서 즐겁게 책을 읽는 기쁨을 경험해보는 것이지요. 책 읽으라는 잔소리 대신 함께 책 읽는 환경을 만들어 그 즐거움을 느낄 수 있도록 해주세요.

무엇보다 가정에서 책 읽는 문화를 만들어보는 건 어떨까요? 언젠간 아이 스스로 책의 바다를 항해하고 있을 거예요.

2. 아이의 취향을 존중해주세요.

주야장천 학습 만화만 보는 것도 걱정이고, 맨날 그림책만 빌려오는 것도 마땅치 않은 게 엄마 마음입니다. 고전까지는 아니더라도 다양한 분야의 책들을 골고루 읽었으면 싶으시지요? 엄마의 성화에 못 이겨 줄글 책을 붙잡고는 있지만 이미 생각은 저기 안드로메다에 간 아이들에게 과연 그 시간이 의미 있을지는 의문입니다.

배움의 길에 시행착오가 필연이듯 독서도 경험이 먼저입니다. 마음 가는 대로, 눈길 가는 대로 따라가다 보면 어떤 게 나에게 맞고, 어떤 게 나에게 맞지 않는지 감이 옵니다. 그래서 몇 번이고 부딪혀 봐야 나에게 맞지 않지만, 꼭 필요한 게 무엇인지도 느낄 수 있게 되지요. 독서 근육이 붙으면 부담스럽게 느껴지는 책도 끝까지 읽을 수 있는 엉덩이 힘이 생기게 됩니다.

조급한 마음은 잠시 내려두시고 엄마 품을 벗어나 스스로 시작하는 독서의 경험을 지켜봐 주세요. 책에 대한 정서가 긍정적으로 자리 잡는다면 걱정하시는 편독 정도는 아무런 문제가 되지 않습니다. 책을 멀리하는 것보다는 나으니까요. 아이가 서가를 거닐며 피어오르는 호기심에 날개를 달 수 있도록, 마음껏 새로운 세계로 탐험할 수 있도록 아이의 취향을 존중해주세요.

회원 모집,
책 토론 방법

엄마를 위한 책 모임에 참여하거나 혹은 만들어보세요. 'Just Do It!', 그냥 하세요! 생각에만 머문다면 아무 일도 일어나지 않습니다. 현명한 또래 엄마들과 유의미한 모임을 꾸려보세요. 반 모임에 나가며 가식으로 치장했던 외형은 버려두고, 솔직하고 나다운 내면만 준비하면 됩니다. 책에서, 사람에게서 엄마의 길을 찾아봅시다.

Q1. 책 모임의 시작은 어떻게 해야 하나요?

리더가 될지, 멤버가 될지 정하세요.

첫째, 리더가 되어 모임을 만들려면 엄마들이 모이는 커뮤니티를 활용하세요. 동네 맘카페에는 다양한 엄마들이 정보를 주고받습니다. 맘카페에 비슷한 또래를 키우고 있는 엄마들을 모집하세요. 또는 온라인으로 멤버를 모집해도 좋습니다. 블로그나 인스타 그램, 초등 교육 관련 카페를 통해 책을 좋아하는 엄마들을 모아보세요. 온라인 모임은 다른 지역뿐 아니라 외국에 사는 엄마들까지 만날 수 있다는 이점이 있습니다. 한 가지 더, 엄마 독서뿐 아니라 책육아를 하는 엄마들을 모집해야 책육아 정보, 교육정보를 활발히 교환할 수 있다는 걸 기억하세요.

둘째, 멤버가 되기로 정했다면 먼저 도서관 홈페이지에 들어가 보세요. 분명 독서 모임이 있을 겁니다. 유의점은 엄마들을 위한 책 모임인지 확인 후 가입하세요. 어쩌면 아이 학교에서 책 모임이 활발하게 운영되고 있을지도 모릅니다. 도서관보다 같은 학교에 다니는 학부모이기에 엄마 책 모임으로 매우 적합합니다. 맘카페, 블로그, 인스타그램에 '독서 모임'이라고 검색하면 다양한 모임의 형태를 볼 수 있을 거예요. 목적에 맞게 가입하세요.

Q2. 책 모임의 규모는 어느 정도가 좋은가요?

책 모임은 활발한 상호작용이 필수입니다. 각자의 의견이 자유롭게 표현되어야 합니다. 대부분 시간을 책을 읽고 느꼈던 감정, 생각들을 나누기 때문이에요. 기본적으로 상대방의 이야기를 경청하고, 존중하는 자세가 있어야 해요. 따라서 대규모로 진행되기보다는 소규모로 이루어져야 원활하게 운영될 수 있습니다.

네댓 명을 추천합니다. 학급의 모둠활동 정도라고 생각하면 적당합니다. 소모임에서는 많은 시간을 들이지 않고도 각자의 생각과 의견을 골고루 말할 기회가 있어요. 인원이 많지 않아서 의견을 취합하기도 어렵지 않아요. 모두의 의견을 듣기에 적당한 속도로 진행되어 집중력이 흐트러지지 않습니다.

Q3. 책 모임은 어디서 하나요?

편리한 온라인도 좋고, 생동감이 넘치는 오프라인도 좋습니다.

참고로 저희는 온라인 모임을 적극적으로 활용하고 있습니다. 코로나 때문이기도 하지만, 각자 바쁜 엄마들이기에 적당한 시간을 맞추기가 어려워서 말이에요. 누구의 집을 방문하는 것도 부담스럽고, 꾸미며 나가지 않아도 되니 온라인이 편합니다. 불필요한 교통비, 커피 비용도 들지 않아 일석이조의 장점이 있어요. 화장도 하지 않고 집에서 온라인 화상 회의 앱인 줌을 이용해서 만나고 있습니다. 두어 달에 한 번씩 오프라인으로 만나 회포를 풉니다.

Q4. 책 모임은 언제 하나요?

2주에 한 권씩 책을 읽고 있습니다. 3년 정도 해보니 그 기간이 적당합니다. 매주 읽었다면 부담스럽게 느껴졌을 거예요. 또 한 달에 한 권은 느슨한 감이 있습니다. 하지만 꼭 정해진 기간은 아닙니다. 원칙은 2주에 한 권이지만, 명절이 끼거나 부득이한 일이 있을 땐 3주가 되기도 하고 4주가 되기도 합니다. 유연하게 기간을 정해보세요.

만나는 시각은 대면이라면 모든 멤버가 모일 수 있는 시간이 좋겠지만, 저희처럼 직장맘이라도 끼면 시간 정하기가 난처합니다. 온라인 모임을 추천하는 이유입니다. 온라인 모임은 아이들을 다 재운 시각 밤 10시 이후부터 시간과 장소 제약 없이 만날 수 있거든요. 어떤 방해도 없는 밤에 오붓하게 만나보세요.

Q5. 책 모임의 규칙은 필요한가요?

학교 수업이나 유료 활동처럼 빡빡한 규칙은 필요하지 않지만, 여러 사람이 모인 만큼 기본적인 규칙을 두길 권합니다. 그래야 책 모임이 부드럽게 진행되고 유지됩니다. 저희 책 모임의 규칙을 참고하세요.

√ 모임 시간은 꼭 지켜주세요.

√ 사전 공지 없는 불참, 결석은 피해 주세요.

√ 열린 마음으로 다른 사람의 이야기를 경청해주세요.

√ 의사 표현은 자유롭게 하되, 상대방에게 결례인 말이나 행동은 삼가세요.

√ 책 토론 외의 주제로 이야기를 나누고 싶을 때는 사전에 제안해주세요.

√ 선정 도서는 될 수 있으면 완독합니다.

✓ 선정 도서는 모일 때 지참해주세요.

✓ 지나친 설득, 비방, 논쟁은 삼가세요.

✓ 정치 활동, 종교 활동, 영리 활동과 관련된 말은 하지 말아주세요.

Q6. 책 모임 시간은 어떻게 운영하나요?

책 모임 시간이 헛되지 않으려면 기본적인 진행방식을 갖추기를 추천합니다. 형식 없이 얘기하다 보면 책 이야기는 뒤로 하고 횡설수설하게 되거든요. 여러 시행착오를 거치며 정형화된 저희의 운영 시간을 표로 보여드릴게요.

현명한 초등 엄마 책 모임 시간 운영

단계		시간		내 용
책 토론	준비	5분	안부 인사	가벼운 수다
	시작	5분	책 소개	책 정보, 저자 정보, 출판사 서평
	전개	5분	문제 제기	자유 논제, 찬반 논제
	토론	70분	토론하기	주제에 맞게 느낌과 생각 말하기
	정리	5분	정리하기	소감 말하기
수다		30분	육아 수다	책육아 진행 상황, 육아 고충, 교육정보 나누기

책 모임 시간은 2시간 정도입니다. 큰 틀은 책 토론과 엄마들의 수다 시간입니다. 책 토론만 하면 재미없지요. 우린 엄마들이니까요. 수다 시간을 꼭 넣어주세요.

Q7. 책 선정은 어떻게 하나요?

함께 읽을 책이기에 엄마들 모두 합의가 이뤄진 책을 선정하세요. 어려운 책, 깊이 있는 책만이 능사가 아닙니다. 서로 의견을 나누며 읽을 수 있는 다양한 분야의 책으로 선정합니다. 리더가 여러 책을 준비해 그중 가장 많은 표를 얻은 책을 읽는 방법도 있고요. 엄마들이 돌아가면서 한두 권씩 권해서 의견을 물어 선정하는 방법도 있습니다. 모임의 성격, 각자의 취향을 고려하여 책을 선정해야 토론에서도 할 말이 많아집니다.

Q8. 책 토론은 어떻게 하나요?

책 토론은 거창하지 않고 자유로운 대화입니다. 이때 진행자의 역할이 무엇보다 중요합니다. 멤버들이 편안하게 의견을 내도록 유도하고, 적절한 시간과 말할 기회를 균등하게 분배하는 일은 필수입니다. 소외되는 사람 없이 모두 조화롭게 목소리를 내야 합니다. 누구도 기분이 상하지 않는 원활한 토론이 되어야 합니다. 상대방의 생각을 고치려 하지 말고 가르치지 않는 것이 원칙입니다. 주제에서 벗어난 얘기가 되지 않게 진행자의 적절한 개입두 필요합니다. 결론을 내리는 것보다 각자의 생각을 개방적으로 얘기합니다. 그래서 엄마 책 토론은 토의에 가깝습니다.

토론의 내용은 책을 읽고 인상적인 부분, 느낀 점 말하기가 일반적입니다. 하지만 정해진 틀은 없어요. 함께 고민해보고 싶은 주제가 있으면 토론을 시작할 때 발제를 통해 깊이 있는 시간을 갖는 것도 좋습니다.

Q9. 깊이 있는 토론을 위해 발제는 어떻게 하나요?

'발제'를 국어사전에서 찾아보면 '토론회나 연구회 따위에서 어떤 주제를 맡아 조사하고 발표함'이라고 정의되어 있습니다. 깊이 있는 토론을 위해 발제를 활용할 수 있습니다. 발제는 보통 발제자를 정해 발제자가 책의 내용, 저자 소개, 자신의 해석, 참고 정보, 논의할 만한 문제 제기를 준비하여 발표합니다. 책을 통해 얻은 지식, 생각, 감정을 자신의 언어로 타인에게 전달하는 것이므로 심도 있는 책읽기가 가능합니다.

책 토론 발제 방법을 소개합니다. 큰 틀은 책 소개와 문제 제기입니다. 발제에 갖추어진 틀은 없지만, 다음의 과정을 거치는 것이 일반적입니다.

√ 도서명, 저자 소개
√ 줄거리 및 핵심 내용 요약

√ 저자의 의도와 발제자의 평가

√ 토론할 만한 논제 제기

발제의 꽃은 논제 제기입니다. 논제는 토론자들에게 문제를 던지는 것으로 이후 이어지는 토론의 중요한 길잡이가 됩니다. 논제는 꼭 하나일 필요는 없습니다. 여러 개의 질문을 해도 좋습니다. 책의 형식, 문체뿐 아니라 스토리, 주인공의 성격, 의문이 드는 저자의 의견, 사회 현상과 책과의 연계, 책을 통한 개인의 경험까지 다방면으로 생각할 질문을 합니다. 책을 읽으며 다음의 질문들을 곱씹으며 논제를 찾아보세요.

√ 인상 깊었던 혹은 흥미 있었던 부분은 무엇인가요?

√ 문체나 책의 구성은 어떤가요?

√ 이 책을 통해 얻은 것은 무엇인가요?

√ 사회 현상과 대비했을 때 이 책은 어떤 의미가 있나요?

√ 책이 나의 경험에 비추어 어떤 의미가 있나요?

√ 책의 주장과 반대되는 의견이 있나요?

√ 책에 편협한 사고방식을 깨뜨릴만한 주제가 있나요?

온라인 서점의 출판사 서평을 읽는 것만으로도 논제를 찾을 수 있습니다. 책 내용이 두루뭉술하게 감이 잡히지 않는다면 출판사가 제공하는 책소개, 출판사 리뷰를 확인하세요. 예를 들면 앞서 책 토론에 소개한 『공부의 미래』는 '2030년을 설계하는 미래 공부 로드맵'이라는 카피로 책이 소개되어 있습니다. 이 책을 읽고 책 모임 엄마들은 다음의 논제로 토론했습니다.

□ 엄청난 속도로 변화하는 이 사회에서 공부는 어떻게 변할 것인가?

□ 나는 어떻게 준비해야 하고, 우리 아이는 어떻게 공부해야 하는가?

□ 미래의 능력인 창의성, 비판적 사고력, 자기 통제력, 협업 능력은 어떻게 키울 것인가?

발제는 분명 정독하며 깊이 있는 토론을 가능하게 합니다. 하지만 꼼꼼히 읽고 폭넓게 살펴야 하는 만큼 시간과 노력이 필요하지요. 부담되고 책 토론 자체에 흥미를 잃을 수도 있습니다. 따라서 논문 발제처럼 전문적으로 하기보다 짐이 되지 않게 발제하길 추천합니다. 책을 읽고 함께 책 수다를 떠는 것만으로도 토론 효과는 분명하니까요.

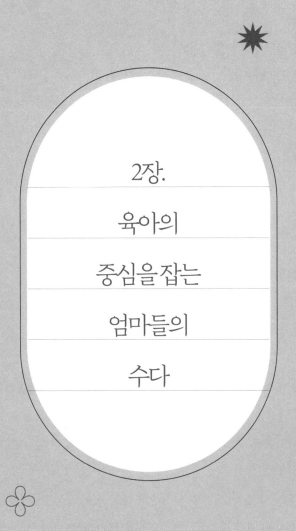

2장.

육아의

중심을 잡는

엄마들의

수다

책 모임 수다를 대하는
엄마의 자세

✦ 결론 없는 잡담

"그래서 결론이 뭔데?"

남편에게 아이가 학교에서 친구와 다툼이 있었다고 말했습니다. 제 아이가 친구를 밀친 상황이었어요. 상대 아이도 잘못이 있어 서로 좋게 해결했습니다. 속상한 마음에 남편에게 위로받고 싶어 하소연했습니다. 남편의 대답은 제 기대와 달리 결론은 무엇인지, 해결책을 어떻게 제시할지에 향해 있었습니다. 더 답답한 마음이 들었어요.

육아로 지친 마음을 속 시원하게 풀고 싶어도 남편은 별 도움이 되지 않을 때가 많아요. '화성에서 온 남자, 금성에서 온 여자'라서 그럴까요? 애초에 각자 대화하고 행동하는 방식이 다릅니다. 그냥 들어주고 호응만 해주면 되는 걸 남자들은 하지 못합니다. 엄마로 살아가는 여자의 마음을 토닥여주기엔 코드가 맞지 않습니다.

여자의 마음은 여자가 압니다. 여자들의 대화가 중요한 이유입니다. 책 모임에서 책 토론만 해도 되지만 수다까지 이어온 까닭이 있습니다. 직장을 다니며 일만 하지 않습니다. 커피도 마시고 수다를 떨지요. 가벼운 농담에 소소한 일상을 나눕니다. 그러면서 친분이 쌓입니다. 업무 스트레스가 풀려요. 더 힘을 내어 일하게 됩니다.

책 토론만 하고 끝나는 모임이었다면 오랫동안 이어지지 않았을 거예요. 수다를 통해 엄마들은 친분을 형성했습니다. 서로 적이 아니라는 걸 확신했어요. 엄마로 겪는 어려움을 얘기하며 동질감을 느꼈습니다. 남편에게서 받지 못했던 위로의 말과 마음을 받았습니다.

수다는 보통 격의 없이 나누는 대화이지요. 어떤 이해관계나 목적성이 없습니다. 결론을 두고 하는 대화와는 거리가 멀어요. 사사로운 목적 없이 하는 대화이기에 소통이 잘 이뤄집니다. 인간관계가 결속되지요. 찜질방에서 나누는 대화, 카페에서 오가는 수다, 전화 너머로 떠드는 잡담으로 우울한 감정이 해소된다는 걸 우리는 일상에서 몸소 체험했습니다. 한바탕 얘기하며 서로를 옹호하게 됩니다. 엄마로, 아내로, 며느리로 위축되어 있던 자아가 조금씩 기지개를 편다는 걸 알고 있습니다.

보통은 책 토론 시간이 기대되기도 하지만, 수다 시간을 더 기다릴 때도 있습니다. 아이 학교생활이 힘들었을 때, 아이에게 상처 준 일이 있을 때, 책육아가 잘 진행되지 않을 때의 이야기를 털어놓고 싶거든요. 정답을 알기 위해서는 아닙니다. 그저 내 이야기를 하고 서로 마음을 나누며 동조를 받고 싶습니다. 때로는 정보를 받고 싶기도 하고요.

　구글의 아이디어는 티타임이나 수다 시간에 나온다는 말이 있습니다. 반짝이는 아이디어는 정해진 회의 시간보다 커피를 마시며, 밥을 먹으며, 같이 차를 타고 가며 나누는 대화에서 나옵니다. 수다는 본디 편안한 마음으로 생각을 말하고 비판보다 포용의 마음을 지니기 때문이지요. 엄마들의 수다도 마찬가지입니다. 혼자 끙끙 앓고 있는 문제 상황도 엄마들과 수다를 떨다 보면 해결책을 정확하게 제시하지 않았는데도, 마음의 결정이 섭니다. 수다의 힘입니다.

　책 토론 뒤 책 수다로 끝나는 모임을 하고 나면 보통 자정이 넘는 시간입니다. 피곤할 법도 한데 마음은 가뿐해요. 우울한 감정, 복잡한 감정을 털어내며 내면이 치유 받습니다. 엄마들의 수다가 스트레스를 풀기 위한 묘약임이 자명합니다. 공감 없는 해결책 제시가 아니라 아이 양육의 방향까지 다질 수 있어요. 책 모임에서 수다 시간을 강력히 추천합니다.

✦ 적당한 거리두기

요즘 유튜브에서 몇 해 전 했던 〈비정상회담〉을 다시 보고 있습니다. 이 TV 프로그램은 한국에 온 외국인들이 모여 하나의 주제로 토론하는 형식입니다. 사회자가 세 명이고 예닐곱 명의 외국인 패널들이 나와 한국말로 토론합니다. 토론이라기보다 수다에 가깝게 느껴질 때가 많아요. 서로 다른 문화에서 자랐기에 생각도 소통 방식도 다릅니다. 사회자가 패널의 말 중간에 적절히 유머를 섞으며 하는 토론이 재미를 더합니다. 그런데 가끔 패널의 문화를 무시하는 말, 비꼬는 듯 던지는 농담을 하면 눈살이 찌푸려져요.

아무리 친한 친구 사이에도 나를 비판하는 말로 기분이 상할 때가 있습니다. 토론도 수다도 대화의 연속입니다. 의사소통 시 필요한 기본적인 예의는 갖추어야 제대로 된 대화가 이루어지지요. 나이 마흔 줄에 만난 모임입니다. 인생 살 만큼 살았고 엄마가 되기까지 각자의 인생관이며 가치관이 견고하게 다져져 있습니다. 있는 친구도 점점 줄이는 판에 새로운 인연을 만들기는 쉽지 않습니다. 내 생각을 다른 엄마에게 주입 시키지 말고, 그건 아니라며 빠득빠득 우기며 힘을 쓰지 말아야 합니다. 무례한 말에 상처받을 필요도, 눈치 보며 주눅들 필요도 없습니다.

수다의 방향은 상대방의 감정 존중이 우선입니다. 잘못을 바로잡는 것, 조언이나 해법을 줘야 한다는 강박을 버려야 해요. 그냥 진 +저럼 수다를 떨면 됩니다. 난, 벽 없이 얘기한다고 일방적으로 떠들거나 짜증을 부리면 수다는 실패로 돌아갑니다. 너무 가깝지도 너무 멀지도 않은 거리가 필요합니다.

엄마들 수다의 주제도 제한은 없지만, 공감할 수 있는 주제로 얘기를 나눠야 해요. 반 모임에서 불만을 품었던 이유가 자식 자랑, 집 자랑, 차 자랑인 걸 잊지 마세요. 궁금하지 않은 사적인 시댁 이야기, 남편 흉보기, 부부관계 이야기로 힘들었습니다. 건강한 수다를 위해선 독서 이야기, 아이 양육, 아이 학교생활, 교육정보, 엄마의 삶에 대해 나누는 게 바람직합니다. 초등 엄마로 책을 중심에 두었다는 걸 잊지 마세요.

수다에 지나치게 많은 에너지가 들어가지 않았으면 좋겠습니다. 수다가 끝나고 기가 빨리는 것 같은 느낌이 든다면 수다의 효과는 장담하지 못합니다. 관계도 어긋나있을 확률이 높습니다. 격한 감정은 빼고 편안한 대화가 오가야 해요. 좋은 얘기만 억지로 할 필요 없습니다. 자연스럽게 자신을 표현하세요. 지나치게 긴 수다 시간도 피로도가 올라갑니다. 우리 모임은 어디까지나 책 토론이 메인입니다. 밥 먹고 믹스커피 한 잔 마시듯이 짧고 달달하게 수다를 떨어주세요.

엄마들 수다엔 어떤 이해관계도 존재하지 않습니다. 아이 잘되라고, 엄마 잘되라고 모인 엄마들입니다. 역설적으로 수다는 뚜렷한 목적 없이 가볍고 편안하게 얘기를 주고받아야 효과를 봅니다. 자연스럽게 흘러가더군요. 내 삶에 너무 깊숙이 들어오지 않으면서도 적당한 거리로 서로 둥글둥글해지며 어우러집니다.

엄마들 수다 시간엔 어떤 얘기가 오갈지 궁금하시죠? 다음 챕터부터는 엄마들 수다의 실제를 담았습니다. 엄마와 아이가 함께 성장하는 엄마들 수다를 경험해보세요.

아이 교육의
큰 그림

✦ 불수능에도 흔들리지 않는 아이들의 특징

'역대급 불수능에 수능 만점자 단 한 명, 졸업생'

2022학년도 대학수학능력시험이 끝나고, 뉴스의 제목처럼 한동안 사회가 들썩거렸습니다. 첫 문·이과 통합형으로 치러진 수능이 난이도 조절에 실패하여 불수능이라는 평가를 받았는데요. 책 모임 엄마들 사이에서도 불수능의 이슈는 뜨거웠습니다.

이런 불수능에도 만점자는 나왔습니다. 단 한 명입니다. 가장 캐고 싶었던 것은 단 한 명인 만점자의 수능 만점 비법이었습니다.

책 모임 수다에서는 불수능에도 흔들리지 않는 만점자의 비결은 무엇일지 열띤 수다가 오갔습니다.

✽ "이번에 만점자 학생의 인터뷰 보셨나요? 전국에 단 한 명의 만점자라니 대단해요. 김선우라는 여학생이에요. 말도 무덤덤하게 하던데, 차분한 성격이 보였어요. 역시 "책을 많이 읽는 습관도 도움이 되었어요."라고 말하던데요. 평소 인문학과 사회학 분야의 책을 많이 읽어왔다고 하더라고요. 그 중 『죽은 경제학자의 살아있는 아이디어』를 가장 좋아하는 책으로 꼽았어요. 김선우 학생은 독서와 국어 영역과의 관계를 언급하며 '양질의 텍스트를 많이 읽는 게 중요하다고 생각한다.' 라고 인터뷰했어요. 역시 독서는 최상위권 학생의 필수 활동인가 봅니다."

♠ "저도 학교 현장에서 느끼는 바예요. 물수능이든 불수능이든 자기 실력을 발휘하는 아이들은 탄탄한 독서 실력이 갖추어져 있어요. 수능은 지문 읽기가 기본인데, 독서가 바탕이 되어 있지 않으면 지문의 의미조차 파악하기 어렵죠. 특히 이번 시험은 국어가 유독 어려웠어요. 초반부터 '헤겔의 변증

법', '기축통화와 환율' 같은 고난도 지문을 보고 이해, 추론하기는 쉽지 않았을 거예요. 문해력이 열쇠예요. 문자를 읽는다고 문해력이 키워지는 건 아니에요. 공부 잘하는 아이들보면 책을 읽고 질문하고, 친구와 나누고 깊이 사고하는 게 습관화되어있습니다. 책을 읽고 글쓰기를 통해 책을 체화시키려는 노력도 보이죠."

● "만점자 인터뷰, 저도 유심히 봤어요. 그리고 유튜브에서 이번 수능에 대해 분석하는 교육 전문가들의 얘기도 시청했어요. 역시 독서 얘기는 빠지지 않더라고요. 더불어 '개념 학습이 중요하구나.'라고 다시 한번 절감했어요. 수학의 경우 킬러 문항이 줄고 있어요. 정답률이 20% 이하인 초고난도 문제가 최근 몇 년째 수능에 등장하지 않았다고 해요. 다른 과목도 초고난도 문제는 줄었지만 중난도 문제가 많아서 어렵게 느껴진다고 하더라고요. 즉, 핵심적이고 기본적인 내용을 정확하게 이해하고 적재적소에 응용, 추론, 판단하는 능력이 있어야 해요."

☀ "전국에 만점자가 한 명이라니, 이번 수능은 수험생에게는 체감 난도가 엄청 높았어요. 만점자 얘기를 들어보니 성실한 학생임이 느껴졌어요. 반수생인데도 매일 루틴을 만들어 규

칙적인 생활을 했대요. '예외를 만들면 안 된다.'라는 생각으로 아침 6시 반부터 12시까지 식사 시간, 공부 시간, 운동 시간을 관리했다고 해요. 공부 잘하는 아이들은 꼭 규칙적인 생활로 자기를 관리하더라고요. 탄탄한 실력에 주변의 혼란한 상황에도 흔들리지 않는 습관이 몸에 배어 있으니 불수능에도 당황하지 않고 정신을 부여잡은 것 같아요."

수다를 떨며 제자들을 떠올렸습니다. 최상위권 아이들과 그렇지 않은 아이들은 분명 차이가 있습니다. 개중에 아이큐가 대단히 높은 아이가 있긴 하지만요. 그런 아이들은 초·중학교까지 두각을 나타내고 고등학교에서 노력하지 않으면 최상위권이 되기 어렵습니다.

고등학교 공부는 엄마가 시켜서 하는 공부가 아닙니다. 아이가 내적 동기를 찾고 공부할 의지가 생겨야 좋은 성적을 낼 수 있습니다. 최상위권 아이들은 앞서 수능 만점자와 공통점이 있습니다. 자기 조절력이 높지요. 시간 관리는 기본이고요. 분명한 공부 동기가 있습니다. 학원에 맹목적으로 의지하지 않고 학원을 효율적으로 이용합니다. 자기 주도 학습을 합니다. 수업 시간에 집중하는 건 물론이고요. 힘들게 공부하는 상황에도 독서를 놓치지 않습니다.

고등학교 와서 반짝하는 아이들이 아닙니다. 대부분 초등 때도 곧잘 하던 아이들이 고등까지 이어집니다. 독서 습관도 초등부터 잡고 온 경우가 많지요. 수능 만점자도 비슷한 특징을 가지고 있다니 내 아이도 그렇게 키우고 싶은 마음이 들었습니다.

✦ 학원은 얼마나 다녀야 할까?

MBC 예능 프로그램인 〈공부가 머니?〉에서 배우 임호 가정이 나왔습니다. 사교육 1번지인 대치동에 살면서 자녀교육의 현실을 보여줬어요. 9살, 7살, 6살인 세 아이는 일주일 동안 34개의 학원을 소화합니다. 주말은 학원 숙제하는 날이에요. 세 아이는 하루 대부분 시간을 학원에 다니고 숙제하는 등 사교육 공부를 위해 쓰고 있었어요.

책 모임 엄마들도 대치동까지는 아니지만, 교육열이 높은 신도시에 살고 있습니다. 맘카페에 들어가면 학원에 관한 얘기가 심심치 않게 오가지요.

"초등학생 자녀 학원은 얼마나 보내세요?"

"초등 때 꼭 가야 하는 학원은 무엇일까요?"

"학원에서 배웠다는데, 숙제로 낸 문제는 못 풀어요. 아직 해야 할 숙제가 산더미인데 답답해 죽겠어요."

"주중엔 시간이 안 나서요. 논술, 방문학습은 토, 일에 하면 괜찮겠죠?"

"초 1입니다. 태권도, 사고력 수학, 영어, 논술, 바이올린, 과학실험, 미술 보내고 있어요. 보통 이 정도는 하는 거 같은데, 아이는 힘들어해요."

책 모임 엄마들은 학원을 적극적으로 활용하는 편은 아니지만, 사교육에 관한 관심은 소홀하지 않습니다. 주변 아이들은 어떻게 공부하는지 안테나를 추켜세우고 있거든요.

✽ "TV를 보고 깜짝 놀랐어요. 대치동 아이들은 모두 그런 건지, 어마어마한 공부량에 아이가 버틸지 의문이 들었어요. 시간만 낭비하고 있는 건 아닐까요? 저는 아이에게 사교육을 하나도 시키고 있지 않아서인지 주변에서 열심히 달리고 있는 아이들을 보면 불안한 마음도 듭니다."

♠ "제 친구만 봐도 그래요. 분당에 살고 있는데요. 영어 학원, 수학 학원, 예체능 학원은 필수더라고요. 아이의 수준과 관계없이 대학 부설 영재원이나 교육청 영재원에 넣으려는 학원도 성행한대요. 올림피아드 대회도 그렇고요. 잘 따라가는 아이가 있고, 힘겨워하는 아이가 있겠지요. 아이가 똘똘하고 수준에 맞는 교육이 이뤄진다면 학원도 아이에게 긍정적인 교육 방법이 될 수도요. 하지만 대부분 아이는 앞서가는 학

원의 진도를 따라가기에 급급하더라고요. 엄마의 선택에 달렸지요. 고3까지 해야 할 공부인데, 긴 호흡으로 지금 아이가 필요로 하는 사교육을 적절히 하는 게 현명하다고 생각해요. 저는 피아노 교육을 중시하는 편이라서요. 아이가 일곱 살 때부터 피아노 학원에 다녔어요. 다행히 아이 적성에 맞고 아이가 즐거워합니다."

● "저도 신랑도 사교육 없이 공부한 경우예요. 우리 때와 교육 방식이 달라졌다고 하지만 결국 우리 때와 마찬가지로 공부의 주체는 아이입니다. 아이를 학원에 밀어 넣기 전에 공부의 필요성을 아이 스스로 인지할 수 있도록 하는 게 부모의 역할이라고 생각해요. 초등 공부는 학원에서 진도 빼고 문제 푸는 스킬을 배우는 것보다 공부 습관, 생활 습관을 잡는 게 중요해요. 아이가 성장하며 학원이 필요하다고 말한다면 적극적으로 지원해줄 생각이지만, 제가 할 수 있는 데까지는 습관 잡는 데 주력하려고요. 맘카페, 인터넷 글로 심란할 때도 있지만 마음을 다잡고 있어요. 사교육 없었어도 저희 부부는 공부에 앞가림은 잘했거든요."

☀ "큰아이가 이번에 중학교 올라가면서 수학 학원을 알아봐달라고 했어요. 아이와 함께 레벨테스트를 하면서 '그래도 지

금껏 집에서 잘 잡아줬다.'라고 생각했습니다. 주변에서 엄마표 영어를 열심히 하다가도 고학년이 되면 학원으로 옮기는 아이들을 많이 봤어요. 주변 엄마들도 학교 선생님도 저한테 "이제 학원에 가셔야죠."라고 끊임없이 얘기했지요. 그렇지만 저는 아이를 믿었어요. 중학교 들어가 보니 초등 내내 수십 개의 학원에 다닌 아이나 집에서 공부한 제 아이나 큰 차이가 나지 않았습니다. 솔직히 자기주도적으로 알아서 공부해온 제 아이 내공이 더 큰 것 같아요. 작은아이는 또 모르죠. 집에서 하는 공부가 저와의 관계를 어긋나게 하고, 아이가 학원을 찾는다면 언제라도 지원해주려고 마음먹고 있어요."

정보를 너무 많이 알아도, 아예 몰라도 걱정입니다. 사교육을 할지 안 할지는 부모의 손에 달렸지요. '아이가 버텨주겠지.'라는 마음으로 아이를 학원으로 보낸다면 학습 성장은 기대하기 어려울 거예요. 부모님 등골 빼며 들인 비싼 돈이 학원 전기세로 나가면 안 되잖아요. 학원 비용이 제값을 하려면 학원의 상술에 넘어가지 않고 엄마의 굳은 심지가 있어야 해요. 아이의 진정한 성장에 꼭 필요한 건 무엇인지 고민해야 할 때입니다.

현명한 엄마와 아이로 성장하는 팁

1. 아이 교육의 큰 그림을 그리세요.

맘카페를 드나들고 인터넷을 밤새 뒤지며 교육정보를 샅샅이 뒤지는 이유는 무엇인가요? 소중한 아이를 똑똑하고 바르게 키우기 위함일 거예요. 이왕이면 좋은 대학, 좋은 직장에 들어가 성공적인 삶을 보장해줬으면 하는 바람 때문입니다. 목적이 그렇다면 아이 교육의 큰 그림을 그리세요. 아이에게 길러주고 싶은 인품, 인성, 지혜, 자유 등의 가치를 포기하고 당장 눈앞에 보이는 학벌과 성공을 위해 전력 질주하지 않았으면 합니다. 아이 교육은 등산과 같습니다. 산을 오르는 건 아이입니다. 부모는 옆에서 포기하지 말고 끝까지 오르라고 격려하는 역할입니다. 산을 오르다 넘어지면 아이는 자기 힘으로 일어나야 합니다. 부모는 아이가 "등산 스틱이 필요해요."라고 말하면 아이에게 맞는 지팡이를 골라주면 됩니다. 정상에 올라 만세를 불러야 할 사람은 부모가 아닙니다. 아이입니다.

2. 검증된 교육정보를 취하세요.

육아하면서 문제가 생기면 맘카페부터 찾는 엄마들입니다. 맘카페, 학원 선생님 이야기, 옆집 엄마 말을 곧이곧대로 믿지 마세요. 맘카페에 오르는 학원 정보 글들은 공공연하게 광고 수단으로 활용되고 있습니다. 엄마들의 귀를 솔깃하게 하는 학원 설명회도 엄마의 불안함을 역이용하는 상술에 가깝지요. 아이 교육과 관련한 심각한 문제가 감지된다면 맘카페에 묻기 전에 전문가와 상담하세요. 학교 선생님, 심리상담사, 의사와 얘기하세요. 그리고 전문가가 쓴 글, 영상, 뉴스를 통해 검증된 교육정보를 취하세요. 엄마의 잘못된 고집으로 아이를 밀지 말고 객관적인 시각으로 아이를 바라보고 교육관을 세우세요.

아이의 좋은 습관을 만드는
골든타임

✦ 초등생활에 필요한 생활 습관

큰아이가 초등학교에 입학하며 우유갑을 스스로 여는 연습을
했습니다. 학교는 유치원과 다르지요. 정해진 시간에 등교해야 합
니다. 사회생활의 시작으로 학교 규칙, 교실 규칙을 잘 지켜야 합니
다. 책 모임 엄마들이 생각하는 초등생활의 필수 생활 습관은 무엇
일까요?

✄

✿ "저는 약속 지키기를 강조했어요. 지각하지 않기, 규칙 지키

기, 질서 지키기를 입학 전에 일러뒀어요. 규칙은 학교 구성원들이 반드시 지켜야 하는 약속이잖아요. '나 하나쯤이야'라는 생각으로 규칙을 지키지 않으면 학교, 교실 시스템이 제대로 굴러가지 않는다고 말했어요. 제 아이는 사립유치원을 나와서 선생님이 웬만하면 아이에게 맞춰주었거든요. 유치원과 달리 학교는 아이에게 맞추기보다 아이가 학교에 맞추는 게 맞는다고 생각해요. 초등 시절 내면화된 규칙 지키기가 고등까지 쭉 이어진다고 생각해서 거듭 일러뒀지요."

♠ "네, 규칙 지키기는 정말 중요하지요. 저는 규칙 말고도 예의 있게 행동하라고 말했어요. 인사 잘하기, 감사 표현하기, 선생님 말씀 가로막지 않기 등을 기억하라고요. 친구도 같은 나이라고 무시하지 말고 예를 갖추라고 잔소리했습니다. 아이와 등교하며 건널목 앞의 녹색 어머니께 제가 함께 인사하고요. 학교 지킴이 할아버지께도 인사하며 일부러 모범을 보였지요."

● "예의 바른 아이가 친구들에게도 인기가 좋아요. 선생님이 예뻐하지요. 학교는 수업 시간이 주를 이루는 만큼 수업 시간에 집중하기를 놓쳐서는 안 돼요. 40분 동안 자리에서 들썩들썩하지 않고 돌아다니지 않아야 하죠. 선생님 말씀을 놓

치지 말고 경청해야 해요. 친구들과 잡담하기, 교과서에 낙서하지 않기 등을 강조했어요. 선생님 말씀 잘 듣는 게 공부 잘하는 최고의 습관이잖아요."

☀ "전 학교생활에 당황하지 않게 생존형 생활 습관을 알려줬어요. 용변 보고 스스로 뒤처리하는 것부터 마스크 제대로 쓰기, 밥을 입에 물고 큰 소리로 말하지 않기, 젓가락으로 반찬 집기, 신발 끈 묶기 등을 말이에요. 그리고 아이가 좀 숫기가 없는 편이라 수업 중 화장실에 가고 싶거나 위급 상황이 생기면 반드시 선생님께 도움을 요청하라고 신신당부했어요. 건널목에서 절대로 뛰지 않기, 안전하게 놀이하기, 위험한 장난치지 않기도 귀에 못 박히게 말했어요. 남자아이들은 사소한 일로도 사고가 나잖아요. 놀이터에서 노는 모습을 보면, 제 아이가 아니라도 친구가 과격하게 놀면 같이 앞뒤 안보고 놀더라고요. 학교에는 선생님이 있겠지만 아이가 조심해선 나쁠 게 없으니까요."

초등학교 1학년은 꼭 물가에 내놓은 아이 같습니다. 입학 후 한동안 변비에 걸렸던 아이가 떠오릅니다. 엄마만 덜덜 떠는 게 아니에요. 아이들은 내색하지 않았지만, 다분히 긴장하고 있습니다. 아이의 적응을 위해서라고 생활 습관을 어느 정도 잡고 가는 게 좋습니다. 생존형 적응이 맞습니다. 독서 습관, 공부 습관보다 생활 습관이 선행되어야 해요.

　책 모임 엄마들이 의견을 말하며 위 의견 말고도 공통으로 나온 중요한 생활 습관이 있습니다. 바로 '자기 물건 챙기기'입니다. 유치원까지는 잃어버린 물건이 있다면 엄마, 선생님이 찾아주었습니다. 학교는 아니지요. 알림장, 실내화, 줄넘기, 책가방 등은 아이 스스로 챙겨야 해요. 아이들은 학교에 다니며 조금씩 주도적인 사람으로 성장하고 있습니다.

1. 초1, 2학년은 생활 습관 들이기 적기예요.

초1, 2학년의 교육과정은 유치원 누리과정의 연장선입니다. 통합교과로 누리과정과 마찬가지로 생활 습관 세우기를 강조하지요. 학교 선생님도 생활 습관 잡기에 주력합니다. '세 살 버릇 여든까지 간다.'라는 속담이 있듯이 유아, 초등 저학년 시기에 길들인 올바른 생활 습관은 일생의 삶의 태도가 될 수 있습니다.

인사 잘하기, 잘 씻기, 양치 잘하기, 골고루 먹기, 안전하게 생활하기, 정리 정돈 잘하기 등의 습관은 가정뿐 아니라 아이의 원만한 학교생활에 영향을 미칩니다. 골든타임을 놓치지 않고 아이에게 좋은 습관을 만들어주세요.

2. 아이 발달 수준에 맞춰 생활 습관을 들이세요.

좋은 습관이라고 급하게 들일 필요는 없습니다. 내 아이의 발달 수준, 성장 과정을 염두에 두고 생활 습관을 들여야 합니다. 아이가 할 수 있는 범위 안에서 연습하고 생활 습관이 들도록 안내해 주세요. 매일 12시에 잠자는 아이가 하루 만에 9시에 잠자는 습관을 들이기란 쉽지 않습니다. 무리한 습관 바꾸기는 아이의 정서를 나쁘게 하고 학교생활에 반감이 생길 수 있습니다. 아이의 발달 수준에 맞춰 차근차근 연습의 기회를 주세요. 행동이 쌓이면 습관이 됩니다.

3. 그림책, 동화책을 활용하세요.

부모님의 좋은 습관은 아이의 좋은 습관이 됩니다. 평소 아이 앞에서 바른 습관을 보여주세요. 그러나 부모님이 모든 상황을 일일이 보여줄 수 없지요. 부모님은 말만 할 뿐 초등학교 교실에 앉아 있을 수 없으니까요.

그럴 땐 그림책이나 동화책을 활용하세요. 초등학생들의 생활 습관 고민이 담긴 책이 많습니다. 재미있고 쉬운 그림책, 동화책은 아이들 눈높이에 맞추어져 있어 더 생생하게 의미가 전달됩니다. 인터넷 서점에 '초등생활 습관'이라고 검색하면 초등 저학년 아이들의 생활 습관에 도움이 될 만한 책을 만날 수 있을 거예요.

아이 공부의
우선순위

✦ 초등 공부, 어떻게 해야 할까?

독서 습관 잡기가 책 모임 엄마들의 최대 과제이지만, 학교 공부를 간과하지는 않습니다. 책 읽기가 공부에 도움이 되어도 교과 공부는 따로 할 필요가 있어요. 책은 어디까지나 어휘력, 문해력, 사고력을 도와주는 보조 역할입니다.

책 모임 엄마들은 '사교육은 적절히 효율적으로 활용하자'는 주의여서 집에서 아이들 공부를 봐주고 있습니다. 평범한 엄마라면 아이 초등 공부를 봐주는 실력에는 문제가 없으니까요. 모임의 아이들은 수준도 흥미도 모두 다릅니다. 수학을 잘하는 아이가 있는 가 하면, 영어에, 미술에 흥미를 보이는 아이가 있어요. 모두 제각각이지만 엄마들은 아이가 학교 공부에 공백 없이 가는 데 공통의 목표를 두고 있습니다. 빨리 가려고 액셀을 밟지 않습니다.

✹ "하도 주변에서 '사고력 수학, 사고력 수학'이라고 해서 저도 초1이 된 제 아이를 학원에 보냈는데요. 너무 힘들어하네요. 제가 교재를 봤는데 보통의 초1 아이들이 풀기에는 어려워 보이는 문제더라고요. 제 아이만 적응을 못 하는 건지, 사고력 수학을 꼭 해야 하는지 고민이 됩니다. 축 처진 아이만 봐서는 그만두는 게 나을 것 같아요."

♠ "아이가 수학적 감각이 있고 깊이 생각하는 걸 좋아한다면 사고력 수학을 추천해요. 문제를 풀면서 희열을 느끼는 아이들이 있거든요. 그런 아이들에겐 사고력 수학은 놀이처럼 재미있게 다가옵니다. 개인적인 생각은 아이가 힘들면 굳이 안 해도 된다고 생각해요. 교과 수학이 우선이니까요. 교과서에 있는 내용을 충분히 이해하고 기본 문제를 우선 풀게 하세요. 3학년 때쯤 가서 심화 문제도 풀리면 수학적 사고력이 좋아져요. 사고력 수학을 했다고 중학교 가서, 수능에서 좋은 접수 받는 것과는 별개더라고요."

● "애들이 학원을 안 다니니 집에서는 어느 정도 공부시켜야 하는지 감이 안 와요. 개념 학습을 위해 교과서는 꼭 한 번 보고요. 독해, 연산, 수학 문제집 푸는 게 다예요. 다 해봤자 30분 내외예요. 이 정도만 해도 되겠죠? 학년이 오를수록 공부 시간도 조금씩 늘리려고요. 단원 평가를 보면 곧잘 다 맞아서 '학교 공부는 잘 따라가고 있구나.'라고 짐작하고 있어요. 그리고 제 아이도 사고력 수학은 적성에 맞지 않아 교과 문제집만 풀리고 있어요."

☀ "저도 비슷하게 하고 있어요. 학원 다니는 아이들과 비교하면 턱없이 부족한 시간이지만, 우리 아이들, 자기만의 속도로 잘 가고 있는 것 같아요. 교과서를 공부 중심에 두고 있잖아요. 그리고 우리는 아이들에게 한글책과 영어 원서를 읽히잖아요. 지금은 성과가 안 보여도 독서로 다져지는 실력이 나중에 모두 공부로도 발휘될 거예요. 저는 아이에게 한자도 시키고 있어요. 아이가 마법 천자문 때문에 한자를 좋아하기도 했지만, 한자를 알면 교과 학습할 때 도움이 정말 많이 돼요. 부담스럽게 하는 건 아니고 하루 한 장 학습지를 풀고 있어요."

코로나로 인해 학습 격차가 벌어졌다고 합니다. 기초 학력이 낮아졌습니다. 학습 결손이 있는 아이들이 늘었습니다. 그런데 그거 아세요? 책 모임 아이들은 상대적으로 학습 능력이 올랐습니다. 코로나 전부터 학교 공부를 집에서 꼼꼼히 챙겨왔기 때문인데요. 학습 환경이 어떻게 바뀌어도 스스로 공부하는 힘이 있었기에 학습 성장이 가능했습니다.

학원에 다녔던 아이들은 갑자기 닫은 학원 때문에 곤란을 겪었지요. 혼자 공부하는 법을 몰랐던 아이들은 수업에 집중하기 힘들었습니다. 자기주도 학습이 유행처럼 번지기도 했지요. 모임의 아이들은 이미 하고 있었는데 말이에요. 아직 초보 단계이긴 하지만요.

책임감을 지니고 자기 공부하기, 자발적 탐구하기, 주도적으로 문제 해결하기 등을 집에서 하고 있습니다. 생활 습관처럼 초등부터 바른 공부 습관을 잡아나간다면 어떤 상황에도 자기 공부를 해내리라 믿습니다.

1. 독서가 모든 걸 해결해주지 않습니다.

독서가 공부 머리를 길러주지만, 학교 성적을 보장해주지는 않습니다. 수학 동화를 읽는다고 곱셈 문제를 척척 풀지 못해요. 문학책 읽기가 품사의 종류를 변별하는 실력을 길러주지는 않습니다. 공부는 개념을 익히는 과정이 꼭 필요하지요. 즉, 학교 공부는 어느 정도 훈련이 수반되어야 합니다. 독서가 학습 내용을 이해하는 속도를 빨리해준다고 공부를 손 놓고 있으면 큰코다칩니다. 예습, 복습을 초등 시절부터 철저히 습관화해야 하는 이유입니다.

2. 개념 학습이 먼저입니다.

아이의 학습 내용을 모두 담고 있는 최고의 매체는 교과서입니다. 교과서를 완전히 알고 있다면 아이는 우등생임이 틀림없습니다. 공부에 왕도가 없습니다. 초등부터 고등까지 공부의 중심엔 교과서가 있어야 합니다. 교과서의 개념을 정확하게 이해한 후 백지에 알고 있는 내용을 써보든, 문제를 풀든 해야 해요. 선행학습도 교과서를 바탕으로 제 학년의 기본이 탄탄하게 되어 있는 경우에 빛을 봅니다. 그렇지 않은 상태에서 하는 선행학습은 모래 위에 성을 쌓는 것과 마찬가지입니다.

3. 국·영·수에 집중하세요.

초1, 2학년까지만 해도 누리과정의 연속이었던 과목은 초3부터는 국어, 영어, 수학, 사회, 과학 등으로 나누어집니다. 본격적인 교과 학습의 시작이지요. 한자, 중국어, 미술, 음악 등 아이에게 권하고자 하는 공부가 많겠지만, 아이가 학교에서 자신감을 가지며 공부하고자 원한다면 국어, 영어, 수학에 집중하세요. 학교에서 가장 비중을 많이 차지하는 과목입니다. 이 과목들은 교과 내용의 깊이 면에서도 각 학년의 내용에 구멍이 생기면 다음 학년에 만회하기가 어렵습니다. 아이 공부에 어떤 과목을 우선순위에 둘지 현명하게 선택하세요.

사교육 대신
엄마표 영어의 힘

✦ 영어책도 한글책처럼 읽을 수 있을까?

책 모임 엄마들의 아이들은 영어책을 꾸준히 읽습니다. 별도의 사교육 없이 집에서 편안하게 영어책을 읽어온 지 벌써 여러 해가 지났습니다. 흔히 말하는 '엄마표 영어' 입니다. 사교육 없이 진행하는 영어책 읽기가 유효할지 의문이 들 수 있어요. 저 역시 영어책을 읽으며 킥킥 웃고 있는 아이의 모습을 보면 '뭐가 저렇게 재미있을까?'라고 궁금할 때가 많으니까요.

사교육 대신 영어책 읽기로 영어 노출을 이어 온 여러 이유가 있습니다. 비싼 영어 학원 비용도 한몫했어요. 그보다 영어는 언어이기에 사교육 프로그램이 기대만큼의 효과를 가져다주지 못하리라 판단했습니다. 언어는 외워서 보다 익혀야 하는 특성이 있으니까요. 그래서 아이들이 우리말을 배우듯 충분한 영어 노출량을 확보할 수 있는 영어책 읽기를 시작했고 지금도 순항 중입니다.

엄마가 영어의 고수라서, 아이가 특출나서 가능한 게 아닙니다. 모국어 습득 방식으로 영어를 익히게 하고픈 엄마의 바람을 우리 집의 문화로 정착시킨 것뿐입니다. 모국어를 배울 때 아이가 엄마, 아빠와 대화를 나누고, 함께 그림책을 읽으며 습득한 것과 똑같은 원리입니다. 집 안에서 자연스럽게 영어 소리가 흘러나오고, 영어 원서 읽기가 일상이 되면 영어도 우리말처럼 자연스럽게 말로, 글로 발현될 것입니다. 그 믿음으로 영어책 읽기를 꾸준히 실천하고 있는 것뿐이지요.

이 길의 끝이 어디일지 알 수 없지만, 조금씩 성장하고 있는 아이들을 보면 더욱 믿음이 견고해집니다. 단기간에 이뤄지는 것도 아니고, 가시적인 결과물이 사교육보다는 덜해서 흔들릴 때도 많습니다. 그럴수록 책 모임 엄마들은 아이의 영어 독서 습관을 잡아주며 지치지 말고 함께 나아가자고 서로를 격려합니다. 아이의 영어독서 습관 잡기는 책 수다의 단골 주제이기도 하지요.

✂

✿ "저 요즘 고민이 생겼어요. 둘째가 이제 일곱 살이 돼서 영어

노출을 시작하려고 하는데, 첫째와는 다르게 시작이 쉽지 않네요. 영어책은 둘째치고 영어 영상을 보여주려고 하면 우리말로 된 영상을 보여 달라며 거부해요. 잠깐 할머니가 아이를 봐주실 때 제가 보여주지 않았던 우리 말 영상을 봤거든요. 아무래도 알아들을 수 있는 게 더 재미있겠지요? 영어책은 엄두도 못 내고 있어요. 어떤 책을 보여줘도 호기심을 가졌던 첫째와는 전혀 다른 성향이에요. 첫째는 영어 독서 습관을 잡아주기가 어렵지 않았는데, 둘째는 어떻게 접근해야 할지 막막하네요. 둘째 키우시는 분들은 첫째와 비슷하게 접근하셨나요?"

🏠 "우리 둘째도 첫째와는 완전히 달라서 같은 방법으로 시도조차 못 했어요. 엉덩이도 가볍고, 호불호가 분명한 성격이거든요. 엄마가 하자는 대로 고분고분 따라오는 스타일이 아니에요. 그래도 정말 다행인 건 아주 어릴 때부터 형을 위해 만들어 놓은 영어 노출 환경에 자연스레 함께하며 영어 자체의 거부감이 없더라고요. 그래서 그중에 아이가 호기심을 보이는 주제를 집중해서 공략했어요. 아이의 성향에 맞춰 조금씩 매일 해보는 방식으로 물꼬를 텄더니 조금씩 재미를 붙이더라고요. 언젠가는 자기도 형처럼 『매직트리하우스Magic Tree House』를 읽고 싶다는 허세도 보여줬어요. 아이가 공주를 좋

아한다고 했잖아요. 유튜브에서 공주와 관련된 영상을 찾아보는 건 어때요? 바비 인형 갖고 노는 영상도 딸아이가 흥미 있어 할 것 같아요."

● "형제나 자매가 함께 좋은 영향을 주고받는 환경이 부러워요. 외동아이인데다가 취향이 분명한 아들에게 영어책을 골라 주는 게 점점 힘이 드네요. 재미있다는 책을 부지런히 공수해도 번번이 퇴짜를 맞아요. 그러다가도 '홈런북'을 만나면 밤낮으로 그 책만 읽고 또 읽어요. 영어 원서의 폭이 한글책에 비해 넓지 않다 보니 제가 구할 수 있는 책도 한계가 있는데, 아이의 실력과 성향에 맞는 책까지 고려하니 너무 어렵네요. 이제 중학생이 된 큰아이는 어떻게 꾸준히 영어책을 보여주셨는지 궁금해요."

☀ "읽고 또 읽는다니 얼마나 고마운 일인지 모르겠네요. 반복 독서는 시키고 싶어도 못 하거든요. 걱정하시지만 제 눈에는 장점으로 보여요. 아시겠지만, 전 큰아이의 영어환경 노출 시작 자체가 늦은 편이었어요. 꼼꼼하고 모호한 것을 그냥 넘어가지 않는 아이 성격 때문에 유명하다는 많은 책을 두루 보지 못했어요. 그래서 제가 먼저 영어 원서를 공부했어요. 아이 입장으로 헤아려보려고요. 예상은 했지만, 제가 읽어보

니 영어책 읽기가 만만치 않더군요. 아이가 영어책을 읽어만 준다면 다행이라고 생각해요. 제가 공수할 수 있는 범위 내에서, 최대한 많은 책을 확보해서 아이가 고를 수 있게 했어요. 읽기에 도움이 될 음원도 늘 붙여주었어요. 글밥에 연연하지 않고 영어 그림책을 제가 먼저 곁에 두고 읽었더니 고학년이 되어도 큰아이는 꾸준히 그림책을 좋아하더군요. 사실 그림책이 더 문학적이라서 문해력을 키우는 데 안성맞춤이랍니다. 쉬운 책도 두고두고 함께 읽을 수 있게 해주는 것도 영어책 읽기의 재미를 더하는 좋은 방법이라고 생각해요.”

아이마다 영어 독서 습관을 잡는 방법도 시기도 천차만별이지만, 방향은 같습니다. 매일 꾸준히 영어와 함께하며 자연스럽게 익숙해지는 것이지요. 맑은 날도 있고, 흐린 날도 있지만, 가랑비에 옷 젖듯, 지속해서 양질의 인풋이 있으면 저마다의 방식과 시점에 아웃풋을 보여주게 됩니다. 서툴게 읽기, 왜 웃는 건지 모르겠지만 좋아하는 듣기, 아무말 대잔치인 말하기, 제3의 언어로 쓰인 글쓰기까지, 까막눈은 언제 면하려나 노심초사하던 시간을 지나 엄마 영어 실력보다 훨씬 능숙한 아이로 자라나고 있습니다.

이 시기를 지나기까지 책 수다가 없었다면 초조한 마음에 아이를 다그치거나, 학원에 보냈을 수도 있었을 겁니다. 어학원에서 ‘분

리수거와 지구온난화'에 대한 영어 에세이를 쓰는 옆집 아이의 이야기를 들으면 내 아이가 못나 보이는 건 당연하니까요. 하지만 어떤 학원도 내 아이의 개별적 특성을 고려한 고급의 콘텐츠를 매일매일 제공해주지 않는다는 걸 알고 있습니다.

지금 책 모임 엄마 밑의 아이들은 단어 시험이나 레벨테스트의 스트레스 없이 재미있는 이야기에 푹 빠져 영어에 몰입하고 있습니다. 날마다 경험이 쌓여 영어 독서는 공부가 아닌 휴식 시간이 되고 있어요. 엄마의 불안함 정도는 책 수다로 날리며 아이의 영어 책 읽기는 오늘도 현재진행 중입니다.

1. 아이 중심 영어 독서 환경을 만들어 주세요.

엄마의 목표는 6개월 안에 파닉스 떼고, 1년 안에 리더스북 읽고 챕터북으로 진입하는 것입니다. 아이는 파닉스의 '파'도 모르겠는데, 엄마의 로드맵은 거창합니다.

엄마가 영어 공부를 시작하는 게 아니라면 원대한 계획은 넣어두세요. 결과물을 기대하기 전에 영어 환경을 만들어 주세요. 아이가 영어를 호기심 어린 마음으로 접할 수 있도록 흥미와 성향을 고려한 영어책을 마련하세요. 도서관에 들러 아이가 좋아할 법한 주제의 책을 빌려오세요. 한글책 읽히듯 읽어주세요. 발음이 나빠도 괜찮습니다. 오디오를 활용해도 좋고요.

아이가 마음껏 영어책을 탐색하도록 영어 독서 환경을 조성하세요. 늘 영어가 흘러나오는 집에서 아이는 엄마가 안달복달하지 않아도 파닉스도 떼고, 글밥 많은 책도 도전하게 됩니다. 자연스럽게 듣고 읽고 따라하는 환경 만들기가 우선입니다.

2. 한글 독서가 먼저입니다.

외국어 실력은 모국어 실력을 뛰어넘을 수 없습니다. 사고의 바탕은 언어이기에 모국어 실력이 부족하다면 사고 자체에 어려움을 겪게 되지요. 한글책으로 단단하게 다진 모국어 실력은 책 읽는 즐거움을 느끼게 해줍니다. 아이는 글자가 보여주는 것 이상의 의미를 유추할 수 있는 사고력을 갖추게 됩니다. 반면 모국어가 탄탄하게 자리 잡지 않는다면 생각의 영역은 좁기 마련입니다. 한글로 이해되지 않은 내용을 영어만으로 파악하기란 어려운 일입니다. 이처럼 탄탄한 한글 독서가 기반 되어 있어야, 외국어로 쓰인 영어책을 효율적으로 읽을 수 있습니다. 책 모임 엄마들은 너나할 것 없이 영어책보다 한글 독서를 우선순위에 두고 있습니다.

3. 열쇠는 꾸준함입니다.

영어는 언어이기에 무엇보다 꾸준함이 생명입니다. 학창 시절 우리는 누구보다 열심히 영어 공부를 수년간 했지만, 해외에 가면 꿀 먹은 벙어리가 됩니다. 우리는 영어를 소통의 도구인 언어로 익히지 않았고 시험을 위한 수단으로 공부했기 때문이지요. 그마저도 학교 졸업과 동시에 손을 놓으니 달달 외웠던 단어들은 기억조차 나지 않습니다.

힘들이지 않아도 우리말을 배운 것처럼 아이에게 영어를 매일 매일 경험하게 해주세요. 영어 단어를 수십 개씩 외우라는 의미가 아니에요. 한글 낱말을 날마다 암기하지 않는 까닭과 같습니다. 짧은 책이라도 좋으니 꾸준히 영어책을 관성으로 읽게 하세요. 꾸준함은 오늘은 한 줄이었던 책을 내년에는 100쪽의 두꺼운 책으로 변신시켜 줄 거예요. 툭 치면 탁하고 나올 정도로 체화되는 게 언어입니다. 영어도 우리말과 같은 언어라는 사실을 기억하세요.

엄마는 언제나
아이의 든든한 보호자

✦ 학교에 가기 싫다는 아이

온라인 수업과 대면 수업을 혼합해서 하던 때입니다. 제 아이는 초3이었어요. 아이가 대뜸 학교에 가기 싫다고 했습니다. 온라인 수업 때는 그나마 괜찮은데, 교실에서 선생님과 마주 앉아 있기가 불편하다고 했어요. 아이가 말하길 "선생님은 칭찬 한마디 없이 매일 저한테 지적만 해요."라고 말했습니다. 잘하려고 노력해봤자 돌아오는 건 친구들 앞에서 핀잔만 받는다고 했습니다.

"글씨는 또박또박 써야지.", "말하고 싶을 땐 손을 들고 말하렴.", "발 좀 떨지 말고 반듯하게 앉아라.", "실내화는 벗지 말고 제대로 신어야지." 등 아이가 전달하는 선생님의 말씀은 지극히 평범하고 엄마도 평소에 하는 말이었습니다. 그렇지만 선생님의 지도에 아이 마음은 상처를 입었어요. 칭찬받은 기억이 없다는 데에 크게 좌절했어요. 집에서는 듬뿍 칭찬받는 아이인데 학교에서 그러니 더 의기소침할 수밖에요.

엄마로서 어떻게 행동해야 할지 모르겠더라고요. 선생님의 조언은 틀린 게 없었습니다. 설마하니 선생님이 칭찬을 잊었을 리 없습니다. 조금 엄한 선생님이더라도 베테랑 선생님이기에 강약을 잘 조절했으리라 믿었습니다. 다만 온라인 수업으로 칭찬의 강도와 횟수가 줄어들었을지 모릅니다. 학교 가기 싫다고 하는 아이, 엄마가 어떻게 도와줘야 할지 답답했습니다.

✽ "선생님께 전화해야 할까요? 아이가 지금껏 학교 다니며 학교에 가기 싫다고 한 적은 한 번도 없었거든요. 너무 놀랐어요. 선생님께 무슨 말을 할까요? 괜히 전화 해서 우리 아이만 찍히는 건 아닌지 걱정이 됩니다."

☗ "전화를 하는 게 좋을 것 같아요. 아이의 말만 듣는 것 보다 선생님의 얘기를 들어야 자초지종을 아니까요. 선생님과 통화는 늘 조심스럽긴 합니다. 아이의 말을 최대한 객관적으로

옮기며 통화하세요. 선생님 말씀을 들을 때도 차분하게 대응하세요. 감정적으로 말하면 선생님 기분이 상하고, 아이에게 영향을 미칠 수도 있으니까요. 아이의 학교 적응이 제일 큰 과제잖아요. 요즘 선생님들은 협력적으로 아이들을 잘 대해주더라고요. 선생님이 놓친 것이 있다면 아이를 위해 노력하리라 생각해요."

● "학교에 가기 싫은 이유가 다른 데 있는지 궁금합니다. 선생님과 교감이 잘 안 이뤄진 건지, 자기 자신이 친구와 비교해 단점이 많이 보이는지, 아이와 충분한 대화를 먼저 했으면 해요. 제 아이도 한동안 학교에 가기 싫다고 한 적이 있어요. 처음엔 선생님 핑계를 댔는데 아이의 감정을 충분히 쏟을 만큼 얘기해보니 같은 반에 제 아이를 괴롭히는 아이가 있다고 고백하더라고요. 아이에게 다그치지 말고 차근차근 물어보세요. '엄마가 다 해결해줄게!'라고 장담하는 것 보다, 아이의 아픈 마음을 다독이고 편하게 말할 수 있도록 해주세요."

☀ "온라인 수업과 오프라인 수업이 병행되면서 생긴 문제일 수도 있겠네요. 선생님은 학생 개개인 파악이 어려웠을 겁니다. 온라인 수업에선 제대로 된 수업이 이뤄지기 힘들고, 오프라인 수업에서 교육과정을 니기러 히니 흐트러진 아이들

에게 지적이 많아졌을 거예요. 칭찬할 시간도 부족했을지도 모르겠네요. 앞서 말씀하신 대로 엄마와 선생님이 아이의 어떤 부분을 도울 수 있을지 소통해야 해요. 너무 속상하겠지만, 아이를 위해서라도 선생님과 꼭 통화하세요."

선생님과 통화하기 전 아이와 먼저 대화를 나누었습니다. 아이가 먼저 운을 떼우고 말해주어 얼마나 감사했는지 모릅니다. 최대한 아이를 다그치지 않았어요. 아이는 울며불며 속내를 털어놓았지요. 다행히 다른 이유는 없었습니다. 선생님께 인정받고 싶은 마음이 컸습니다.

이후 선생님과 통화했습니다. 선생님은 돌이켜보니 아이에게 모질게 대한 건 아닌가 반성이 된다고 했습니다. 하지만 내 아이에게만 그렇게 행동한 게 아니라며 안심시켜주었어요. 다음 날 아이는 온라인 수업을 들으며 선생님이 동시 짓기를 잘했다며 칭찬해주었다고 했습니다. 얼굴이 환해졌어요. 이후로 아이는 학교에 가기 싫다는 말을 하지 않았습니다.

✦ 선생님과 상담할 때 준비할 질문

3월, 9월이면 어김없이 선생님과 상담을 합니다. 선생님과 상담은 늘 부담이 됩니다. 무슨 말을 해야 할지, 시간은 어느 정도를 할애할지, 선생님은 내 아이를 잘 파악하고 있을지 궁금합니다. 책 모임 엄마들도 이때 즈음이면 상담은 어떻게 해야 할지 이야기꽃을 피웁니다. 선생님과 상담할 때 뭘 물어야 할까요?

※ "선생님 입장으로 말씀드릴게요. 3월에 하는 학부모 상담은 아이와 만난 지 얼마 되지 않아 선생님들은 부모님들의 얘기를 듣고 싶어 합니다. 아이가 무엇을 잘하는지, 어디에 흥미가 있는지, 집에서는 어떻게 생활하는지, 친구 관계는 어떻게 맺는지 등을 알고 싶어 해요. 9월 상담은 3월과는 다른 성격이지요. 이미 선생님은 아이 파악을 충분히 하고 있어요. 3월에는 엄마가 아이에 대한 정보를 많이 주는 편이라면 9월에는 선생님이 아이의 정보를 엄마에게 주는 거라고 여기면 돼요."

♠ "저는 엊그제 상담했어요. 새 학년이 시작되어 선생님이 얼마나 아이를 알고 있을까 했는데, 제가 아는 아이의 모습 그대로 선생님이 말씀해주셔서 깜짝 놀랐어요. 집에서 독서를 꾸준히 했냐며 칭찬해주셔서 뿌듯했어요. 칭찬만 계속 해주셔서 듣고민 있다기 "혹시 제 이이기 학교생활에서 꼭 더 챙

겼으면 하는 부분이 있을까요?"라고 물었더니, 교실에서 실내화와 양말을 자꾸 벗는다고 알려주셨어요. 말씀 안 했으면 몰랐을 텐데 물어보길 잘한 것 같아요."

● "큰아이가 학년이 올라가며 상담할 때 깨달은 점은 '아이를 너무 깎아내리지 말자.'예요. 아이의 장점을 충분히 어필하세요. 재수 없을까 생각하지 말고요. 아이의 좋은 점을 얘기하면 선생님은 엄마가 그만큼 아이를 사랑하고 관심을 가진다고 생각할 거예요. 참, 아이가 음식 알레르기가 있거나 건강상 배려받아야 하는 상황은 반드시 먼저 말하세요. 말하지 않으면 선생님은 잘 몰라요."

☀ "기본적으로 수업 태도, 학업 성취 정도, 친구 관계는 꼭 물어봐요. 규칙은 잘 지키는지, 예의 바르게 행동하는지 물어요. 제가 집에서 느끼는 아이가 학교에서 다를 때가 종종 있더라고요. 선생님이 파악하는 아이를 지나치지 않고 귀담아듣는게 현명해요. 그리고 아이가 잘하는 점을 과하지 않게 말하면 선생님도 신경 써서 아이를 볼 거예요."

학교에서 선생님으로 상담을 하다가 상담을 받는 입장이 되니 기분이 묘했습니다. 저는 상담하기 전 개별 면담, 개별 설문조사,

평소 관찰로 아이를 최대한 파악하거든요. 그럼에도 불구하고 학부모님과 만나면 새로운 사실을 알게 됩니다. 선생님마다 다르겠지만, 저는 듣는 입장이 익숙해요. 부모님이 아이에 관해 자세히 설명해주면 이후 지도에도 수월했어요.

엄마로 역할을 바꾸어 상담할 때는 책 모임 엄마들의 조언대로 말했습니다. 나서는 걸 좋아하는 아이인데 수업에 적극적으로 참여할 거라고, 수다스러운 아이인데 발표력이 좋을 거라고 애써 둘러 아이의 장점을 말했습니다. 그리고 학습 태도, 교우관계, 생활습관 등 물어보고 싶은 항목을 메모해두었다가 빠짐없이 물었습니다. 상담하길 잘했다고 생각했습니다.

현명한 엄마와 아이로 성장하는 팁

1. 아이의 든든한 보호자가 되어주세요.

학교에서는 아이가 의도하지 않았지만, 다양한 이유로 억울한 일, 곤란한 일이 발생하기도 합니다. 이때 아이가 믿고 의지할 사람은 부모님이어야 합니다. 평소 아이의 학교생활에 관심을 두고 대화하세요. 부모와 소통이 유기적으로 된 아이들은 힘든 상황이 생기면 부모님에게 신호를 주기 마련입니다. 부모는 때를 놓치지 말고 아이의 마음을 읽어야 해요. 객관적으로 상황을 보는 것도 중요하지만, 공감이 먼저입니다. 아픈 마음을 다독여주고 선생님과 차분하게 대화로 문제를 풀어가세요. 다짜고짜 아이 말만 듣고 교장 선생님을 찾아가는 건 여러 사람을 곤란하게 만들 수 있습니다. 지혜롭게 대처하세요.

2. 선생님과 협력하는 관계를 유지하세요.

아이의 행복한 학교생활을 위해선 선생님과 우호적인 관계를 유지하세요. 선생님은 아이의 성장을 도모하기 위한 역할을 하는 사람입니다. 물론 선생님의 교육관과 부모의 교육관이 맞지 않아 불만이 생길 수 있습니다. 하지만 절대로 아이 앞에서 선생님의 흉을 보거나 불만을 토로해서는 안됩니다. 아이의 같은 반 엄마에게도 선생님의 뒷담화는 삼가세요. 내가 뱉은 말이 선생님 귀로, 아이의 귀로 들어가는 건 시간문제입니다. 선생님은 교육 전문가라서 믿고 배울 점에 집중하여 교육의 효과를 노리는 편이 현명합니다.

3. 아이의 가방을 수시로 살펴보세요.

아이의 학교생활을 짐작하는 최고의 방법은 아이의 가방 속을 점검하는 것입니다. 가방 속에 있는 필통, 교과서, 안내장, 학습지 등을 살펴보세요. 철 지난 가정통신문이 굴러다니고 있는 건 아닌지, 학습지가 꼬깃꼬깃 구겨져 있지 않은지 자주 들여다보세요. 특히 교과서는 아이 학습 정도를 알 수 있는 최고의 척도입니다. 학습한 단원의 빈칸은 빠짐없이 채워져 있는지, 엉뚱한 낙서가 되어있지는 않은지 꼼꼼히 살펴보세요. 만약 학습 내용과 관련이 없는 낙서만 가득하다면 아이가 수업 시간에 딴짓을 하고 있을 가능성이 높습니다.

엄마가 아닌
'나'를 찾는 시간

✦ 오롯이 나를 위한 일상

아이가 어릴 땐 나만의 시간은 꿈도 못 꿨는데, 아이들이 커갈
수록 조금씩 혼자만의 시간이 늘어갑니다. 길지 않은 시간이기에
알차게 보내고 싶지만, 현실은 휴대전화만 쳐다보며 허무하게 흘
려보내기 일쑤입니다. 뭔가 한구석이 허전한 느낌으로 하루를 보
내고 나면 아쉬움이 쌓여서 엉뚱한 데 화풀이할 때도 있습니다.

책 모임을 시작하고 나서는 여유가 생기면 책을 읽습니다. 처음
에는 한 페이지 넘기기도 쉽지 않은데 모임 일자가 다가오면 나
도 모르게 빠르게 책장을 넘깁니다. 게다가 살림하다가도, 아이를
기다리면서도 짬짬이 책을 폅니다. 관심사가 생기자 허전한 느낌

은 온데간데없이 사라졌습니다. 당연히 이유 없이 짜증 내는 일도 줄어들었어요. 신기하게도 점점 마음의 평화가 자리 잡았습니다. 이전에는 무심코 지나쳤던 나의 시간, 나의 관심사, 나의 장점, 나의 꿈 등이 눈에 들어오기 시작하더라고요.

책 모임 엄마들은 엄마라는 직함에 책임을 다하면서도 자기 삶에 최선을 다합니다. 처음부터 그러진 않았어요. 모임이 지속되고 해가 넘어갈수록 엄마들은 각자 나만의 시간을 알차게 보내고 있습니다. 성격도, 취향도, 재능도, 관심사도 모두 달라서 즐기는 일은 제각각입니다. 공통점이라면 나의 시간을 오로지 나를 위해 활용함으로써 일상에 생기가 돈다는 것이지요.

그래서인지 모임 수다에서는 엄마들의 일상 나눔도 주요 주제가 됩니다. 엄마들의 취미 생활을 공유하며 육아 스트레스를 풀고 있어요. 부지런히 사는 엄마들의 모습에 자극도 받고 에너지를 얻습니다.

✽ "은선님의 블로그가 인터넷 포털 사이트에서 미술 분야 '이달의 블로그'로 선정되었더라고요. 정말 축하드려요! 은선님이 1일 1그림 포스팅을 시작한 지도 벌써 3년 차가 되어가네요. 저도 매일 포스팅을 하려고 해봤지만, 시간이 상당히 걸

리고 생각도 많아지더군요. 매일 하기란 쉬운 일이 아니데, 어떻게 그렇게 매일 그림을 그리고, 글을 써서 올리는지 궁금해요."

♠ "축하해주고 칭찬까지 해주니 몸 둘 바를 모르겠네요. 그림 그리기는 제가 좋아하는 일이라서 그렇게 힘들지 않아요. 제가 잘 할 수 있는 일이기도 하고요. 사실 한동안은 그림을 그리지 않았는데, SNS를 통해 다시 그리게 되었어요. 한동안 쉬고 있었기에 그림 그리고 포스팅을 하는 데 시간이 오래 걸리긴 하는데요. 제 성격 때문인지 기왕 한다면 잘하고 싶더라고요. 하다 보니 매일 소재를 찾고, 그림을 그리고 어울리는 적절한 글을 쓰는 일이 즐거운 취미가 되었어요. 속도도 붙고요. 이렇게 미술 분야 '이달의 블로그'로 선정이 될 줄은 몰랐는데, 앞으로 더 즐겁게 취미 생활을 할 수 있을 것 같아 기쁘네요!"

● "취미 생활은 삶을 풍성하게 해준다는 점에서 엄마들에게 꼭 필요하다고 생각해요. 저도 아이들 키우며 아이들만 바라보고 살다가 우연히 발 들인 모임 활동이 제 삶의 활력소가 되고 있어요. 늘 육아서만 읽다가 우리 책 모임을 통해 다양한 분야의 책을 읽고 이야기 나눌 수 있어서 좋아요. 아시다시

피 오랫동안 함께 해온 영어 원서 모임도 이제 제 삶의 소중한 일부가 되었어요. 영어 원서를 읽고 책에 관해 이야기를 나누지만, 사실 책 이야기만 나누는 건 아니잖아요. 지금 우리처럼 말이에요. 이런저런 이야기를 나누다 보면 쌓였던 스트레스가 저절로 풀려요."

☀ "동감합니다. 저도 아이가 등교하고 나서는 무슨 일이 있더라도 홈 트레이닝을 하려고 노력해요. 습관으로 자리 잡기까지는 오래 걸렸지만, 이제는 운동을 안 하면 컨디션이 좋지 않아요. 체력이 붙으니 활력도 따라오고요. 바쁜 일상에도 희한하게 시간을 쪼개서 쓰게 되네요. 운동도 해야 하고, 책도 읽어야 하고, 공부도 하려니 1분 1초가 아쉬워서 열심히 움직이게 돼요. 무엇보다 나의 의지로 내가 하고 싶은 일을 하니 힘들지 않고 즐거워요. 취미가 제 삶의 원동력이 됩니다."

책 모임 엄마들이 활기찬 모습에는 다 이유가 있었습니다. 모두 무언가에 몰두하고 있었어요. 누가 시켜서 의무로 하는 게 아니라, 스스로 흥이 나고 하고 싶었던 일을 즐겁게 하고 있었습니다. 시간이 부족하다는 핑계는 댈 필요가 없습니다. 마음만 먹으면 없는 시간도 만들어 냅니다. 적극적으로 취미 활동을 하는 엄마들은 스트레스를 받아도 그 안에 오래 머물러있지 않았습니다. 고민에만 빠져있기에는 24시간이 너무 짧으니까요.

책 모임 엄마들을 만나면, 저도 주어진 시간을 조금 더 알차게 쓰고 싶은 마음이 듭니다. 내가 좋아하고 잘 할 수 있는 활동은 무엇일지 열심히 찾아보게 되지요. 점점 적극적으로 바뀌는 나를 발견하게 될 때마다 가슴이 뜁니다. 꽉 찬 하루를 보낸 것 같아서 뿌듯함이 밀려옵니다. 상냥하고 활기찬 엄마의 모습은 집안 분위기도 밝게 만듭니다.

내가 살고 싶은 미래가 일상이 된 사람, 그 사람을 찾아 만나라. 당신을 꿈과 미래에 더 가까이 데려다줄 것이다.

김미경, 『김미경의 리부트』, 웅진지식하우스, 216쪽

여러모로 엄마의 시간은 소중하고 또 소중합니다. 엄마가 살고 싶은 미래를 그려보세요. 잘 떠오르지 않는다면, 누군가와 함께 그려보세요. 분명히 같은 생각을 하는 누군가가 곁에 있을 겁니다. 지금의 무게를 털어놓고 공감하는 것만으로도 스트레스가 풀립니다. 좋은 생각을 나누다 보면 나의 미래가 그려집니다. 엄마들의 수다, 매력 넘치지 않나요?

현명한 엄마와 아이로 성장하는 팁

1. 건강한 엄마가 되세요.

아이가 잘 자고, 잘 놀고, 할 일도 잘하면 예쁘고 기특합니다. 엄마도 마찬가지입니다. 엄마가 푹 자고, 활기차고, 부지런하면 세상이 달라집니다. 생기 넘치는 엄마의 에너지는 아이들에게 고스란히 전해집니다. 엄마의 단단한 마음에서 나오는 말투, 행동이 아이와의 관계를 돈독하게 해주는 밑바탕이 되지요. 규칙적인 수면, 식사 그리고 가벼운 운동을 잊지 마세요. 아이 밥 챙기는데 힘을 쏟는 것만큼 엄마의 밥도 근사하게 챙겨주세요. 건강한 엄마가 최고입니다.

2. 엄마만의 시간을 만드세요.

아이가 기관 생활하는 동안은 엄마에게도 육아에서 해방되는 시간이 찾아옵니다. 짧다면 짧고 길다면 긴 이 시간을 어떻게 쓰느냐에 따라 오늘이 달라집니다. 밀린 집안일이며, 아이 친구 엄마들의 티타임 초대 등 해야 할 일이 많겠지만, 오롯이 엄마만을 위해 써보세요. 느긋하게 마시는

차 한 잔, 내 취향의 음악 감상, 내가 하고 싶었던 취미 활동 등 오직 '나'만을 위해 보내는 한두 시간이 주는 만족은 '엄마'로 보내는 반나절을 버티게 해주는 힘이 됩니다.

3. 지금 시작하세요.

나만을 위한 무언가를 시작해보고 싶은데, 막상 시도하려면 걸리는 게 한둘이 아닙니다. 아이의 일정과 겹치지 않아야 하고, 할 일도 많은데 굳이 힘들게 뭘 해야 하나 싶어 망설여지기 일쑤입니다. 하지만 아무것도 시작하지 않으면 나만을 위한 무언가를 찾는 일은 점점 어려워집니다. 육아와 살림에만 얽매여서 내가 무엇을 좋아하고 관심 있어 하는지도 점점 흐릿해지고 말지요. 끄적거리는 낙서도 좋고, 식물 가꾸기도 좋습니다. 필라테스를 배워도 좋고, 빵을 구워도 좋아요. 아이를 위해서가 아닌 오로지 나의 삶에 활력을 줄 활동이면 됩니다. 망설이지 말고 지금 시작하세요. 가볍게 시작했던 취미생활이 어쩌면 제2의 인생을 선물할지 모릅니다. 책 모임 엄마들처럼요.

수다 방법,
모임 운영

책 모임을 처음 시작할 땐 자기 계발, 정보 공유 등 큰 목적이 있었습니다. 그렇지만 함께 책을 읽고 생각을 나누는 시간이 쌓일수록 책이 가지는 본연의 가치를 알게 됩니다. 책 모임은 지속되어야 사유와 치유를 경험할 수 있습니다. 슬기롭게 모임을 운영하며 책 모임 엄마들과 세상에 둘도 없는 인연을 맺어보세요.

Q1. 엄마 수다의 특별한 노하우가 있나요?

모임이 계속될수록 엄마들은 친한 사이가 됩니다. 하지만 어디까지나 학부모로서, 책을 사랑하는 엄마로서 만난 모임임을 잊지 마세요. 고교 동창처럼 사생활을 지나치게 노출하는 건 득이 될 게 하나도 없습니다. 가까워진 나머지 돈을 빌려 달라고 하던가, 아이를 봐달라고 하는 곤란한 부탁은 하지 않는 게 좋아요. 모임의 목적을 떠나 지나치게 나의 삶까지 들어오는 관계는 부담이 됩니다. 그리고 비판보다는 공감의 말을 하세요. 엄마 수다도 인간관계의 하나입니다. 상대를 맞춰주고 배려하는 마음 없이는 대화가 되지 않지요. 독단적인 생각, 비뚤어진 시각은 버리세요.

Q2. 리더의 역할은 무엇인가요?

리더는 보통 모임을 만든 사람이 합니다. 장소와 시간 공지, 회의 개설, 토론의 시작은 리더가 도맡아 합니다. 토론 진행 시 대화가 엉뚱한 쪽으로 흐르면 적절히 개입하여 중심을 잡습니다. 멤버 모두에게 발언 기회가 골고루 가도록 시간을 운영하지요. 그렇다고 해서 리더가 권위적으로 행동하면 멤버들의 원성을 삽니다. 반대로 나태하게 활동하면 하나둘 모임을 떠나고 말지요. 리더는 멤버들과 어깨를 나란히 하며 걸어가되 한 발짝 앞서 책 모임의 문을 열어준다고 생각하세요.

Q3. 평소 모임의 관리는 어떻게 하나요?

단체 카톡방을 운영하고 있습니다. 공지 사항이 있으면 카톡방에 알립니다. 일정을 변경하고 싶거나 책에 대해 공유하고 싶은 정보를 나눕니다. 또한 아이 교육에 도움이 될 만한 유튜브 영상을 올립니다. 도서관 정보, 교육과 관련한 뉴스, 진로 관련 체험 학습 등 정보를 함께 보지요. 누구 하나 마음 상하지 않고 단톡방이 운영된 데에는 암묵적으로 지켜지는 기본 규칙이 있습니다.

- √ 정중한 말투(존댓말) 사용하기
- √ 정돈된 문장 사용하기
- √ 회신이 필요한 경우 확인하고 바로 피드백하기
- √ 밤늦은 시간에 메시지 보내지 않기
- √ 사적인 대화는 삼가기
- √ 다른 사람의 비난, 험담 삼가기
- √ 감사 표현은 적극적으로 하기

Q4. 모임 안의 모임은 어떤가요?

엄마 책 모임이지만, 모임 안의 소모임이 생겨날 수 있습니다. 자연스럽게 생기거나 누군가의 제안으로 만들어지기도 합니다. 저희 모임엔 모임 안에 영어 그림책 모임, 책 쓰기 모임이 생겼습니다. 영어 그림책 모임은 모든 멤버가 참여했습니다. 반면 책 쓰기 모임은 두 명만 같이했지요. 소모임은 언제나 환영하지만 모두 함께 갈 필요는 없습니다. 개인의 의사를 존중해 소모임을 만들되 본래의 책 모임 활동에 해가 가지 않도록 지혜롭게 활동하세요.

Q5. 모임의 효과를 배가시키는 개인의 노력이 있나요?

책 모임 엄마들은 책 토론 뒤 개인 SNS나 노트에 서평을 남깁니다. 기록은 토론 시 느꼈던 감정과 생각을 오랫동안 기억하는 효과가 있습니다. 혼자 읽었으면 머릿속을 스쳤을 책이 토론으로 기억에 남게 되고, 기록으로 마음속에 새기게 됩니다. 그래서 책 모임 엄마들은 누가 시키지 않았는데도 자연스럽게 기록하게 되었습니다. 할 수 있을 만큼 하면 됩니다. 기억하고 싶은 문구를 발췌 또는 필사하거나, 책에 대한 느낀 점을 적어보세요. 한 문장도 괜찮아요. 한 해를 보내고 각자의 SNS, 공책을 둘러보며 뿌듯함이 밀려옵니다. 어떤 책보다 잊지 못할 책이 쌓여갑니다.

Q6. 내성적인 사람도 모임에 참여할 수 있을까요?

반갑습니다. 저도 내성적인 성격입니다. 충분히 참여할 수 있습니다. 처음은 어색할 거예요. 듣는 쪽에 서 있는 것만으로도 토론에 능동적 참여가 이뤄진 거예요. 점차 책 토론 시간에 말하고자 하는 내용을 미리 메모해서 준비해보세요. 책 토론이나 수다 시간에 한결 가벼운 마음으로 임할 수 있습니다. 나와 맞는 모임이라면 점점 편하게 말하게 될 거예요. 걱정하지 마세요.

Q7. 아이에게 모임의 존재를 알리는 게 좋을까요?

네, 알리세요. 책을 읽고 토론하는 엄마, 아이 눈엔 대단해 보입니다. 공부하는 엄마로 보여 아이에게도 긍정적인 효과를 기대할 수 있습니다. 저는 모임이 있는 날이면 의도적으로 아이에게 읽은 책을 보여주고 내용을 얘기합니다. 엄마들과 토론은 어떻게 하는지, 어떤 얘기를 나누는지 흘려 말합니다. 독서, 토론하는 엄마를 보고 배우라고요.

Q8. 모임을 오래 유지하는 비결은 무엇인가요?

모임의 매개체는 책이지만 사람과 사람이 모인 인간관계임을 잊지 마세요. 토론 보다 관계가 우선입니다. 모임에 가서 기분이 상한 경험이 있다면 더는 참석하기 싫어지지요. 그런 이유로 많은 모임이 오래가지 못합니다. 책 모임에 참여하는 엄마들의 성격, 취향, 말투는 가지각색입니다. 서로 진심으로 배려하는 마음이 깔려 있어야 해요. 토론, 수다를 할 때 눈빛, 손짓, 표정, 말로 공감을 표현해야 해요. 저희 모임이 오래간 이유도 여기에 있습니다. 누구 하나 뾰족한 사람이 없습니다. 특히 모두가 모임을 주도하는 리더에게 감사한 마음을 가지고 있습니다. 월급이 나오는 일도 아닌데 수고하며 시간을 내어서 모임을 관리하고 있으니까요. 아이러니하게 리더는 늘 멤버들에게 감사함을 표현하지만요.

3부

책 모임 엄마들의
책육아 실천 비법

1장.

엄마가

줄수있는

최고의 선물,

책육아

책육아를 대하는
엄마의 자세

✦ 성적보다 성장을 위한 책 읽기

책의 서두에 독서에 대한 중요성을 입시와 연관하여 설명했습니다. 아이의 공부에 욕심 없는 엄마가 어디 있겠어요. 아이의 공부를 위해서, 아이의 좋은 성적을 위해서 책을 하나라도 더 읽히고 있습니다. 책을 읽음으로써 문해력, 어휘력, 사고력, 문제해결력을 키워 시험 문제 하나라도 잘 맞추기 위해서입니다.

하지만, 공부처럼 하는 책 읽기는 독이 된다는 걸 알고 있습니다. 독서와 공부의 상관성을 직설적으로 보여준 최승필 저자의 『공부머리 독서법』에서는 독서는 지식이 아닌 재미로 느껴야지만 공부 머리가 자란다고 했습니다. 맞습니다. 독서는 즐거움의 대상이어야 합니다. 성적을 위한 독서라 할지라도 책 읽기가 공부처럼 된다면 효과는 나타나지 않습니다.

공부가 뭔지도 몰랐던 유아 시절, 아이들은 엄마 품에서 이야기를 즐겼습니다. 엄마가 책을 읽어주면 마음껏 상상했어요. 엄마는 아이가 엄마의 책 읽기를 방해하는 모습조차 귀여워 어쩔 줄 몰랐지요. 조잘조잘 질문하면 책 읽기를 멈추고 아이와 대화했습니다. 아이의 책에 대한 감정은 좋을 수밖에 없었지요.

초등학생이 되면 책 읽기는 공부로 직결됩니다. 아기 같던 아이가 학생이 되니 다 큰 것 같아요. 책도 혼자 읽을 수 있으니 엄마의 품이 꼭 필요하지 않습니다. 책 읽기는 오로지 아이 임무인 것처럼 느껴집니다. 아이는 재미있던 책도 엄마와의 교감이 없으니 심심하게 느껴집니다. 숙제처럼 문제를 풀어야 한다면 책 읽기는 더더욱 지긋지긋한 대상이 됩니다.

이제 막 독서 습관을 잡는 아이들입니다. 책의 즐거움을 채 맛보기도 전에 숙제처럼 하는 독서는 책에 대해 거부감이 듭니다. 공부를 잘하기 위해서도 공부 정서가 중요하다던데 책도 매한가지입니다. 책 읽는 아이로 키우고 싶으면 책을 좋아하게끔 해야 합니다. 책을 지식의 대상이 아닌 즐거움의 대상으로 봐야 합니다.

구구단 외우듯이 책의 내용을 암기할 필요가 없습니다. 아이는 책을 즐길 권리가 있어요. 아이가 이야기의 재미에 흠뻑 빠져야 합니다. 책이 주는 유익함을 몸으로 느끼고 스스로 책을 찾도록 해야 해요. 책을 대하는 아이의 마음이 편해야 합니다. 자연스러움이 묻어나야 해요. 그래야 오래갑니다.

평생의 친구가 될 책이라면 더욱 독서의 순수한 목적으로 접근하세요. 공부를 위해 하는 책 읽기 마음을 들키지 마세요. 책 내용을 얼마나 잘 파악하고 있는지, 이 책에서 얻은 교훈은 무엇인지, 새롭게 알게 된 어휘의 뜻을 설명할 수 있는지 등을 선생님처럼 확인할 필요가 없습니다. 그럴수록 아이는 책을 멀리하게 될 게 뻔하니까요.

책육아를 성공적으로 하기 위해서는 책은 성적보다 성장을 위한다고 생각하세요. 초등이기에 더 그렇습니다. 잘 먹고 잘 자는 아이는 자기도 모르게 키가 커 있습니다. 사고도 마찬가지예요. 건강한 책 읽기로 매일 이어온 아이는 사고가 조금씩 성장하는 걸 느낍니다. 강요해서 될 일이 아니지요. 모든 것이 순리대로 굴러가야 합니다.

✦ 아이를 있는 그대로 믿기

교실에는 서른 명 남짓 학생들이 있습니다. 초등학교는 그렇지 않지만, 고등학교는 1등부터 30등까지 공부 서열이 매겨집니다. 공부 서열이 곧 사람의 행복 지수를 나타내진 않아요. 1등을 하면 시도 매사 부정적인 시각을 가진 아이가 있으면, 꼴등을 하면서도 밝은 얼굴로 자기 삶에 만족하는 아이가 존재합니다.

'공부를 잘하면서 비관적인 아이, 공부를 못하면서 낙관적인 아이 중 내 아이라면 어떤 아이가 나을까?'라고 상상합니다. 저는 후자를 택하겠습니다. 인생 선배로 우리는 알고 있습니다. 아무리 지식이 깊고 일류대학을 나와도 자기 삶에 애정이 없는 사람은 행복하지 않다는 걸요. 부모는 아이에게 더욱 나은 삶을 위해 책을 권하고 있습니다. 자기 내면을 돌보는 매개물로 책을 찾았으면 하는 바람으로요. 책을 읽으며 문해력이 좋아져 공부까지 잘한다면야 감사할 따름이지요.

아이가 책을 읽으며 '다른 애들은 300쪽 책도 읽는다는데, 나는 왜 이것밖에 못 읽지?'라고 생각한다면 당장 책 읽기를 그만두는 편이 낫습니다. 아이가 제 학년에 맞는 필독서도 읽지 못한다고 자책하고 있다면 엄마의 생각부터 점검해야 합니다.

공부도 잘하고, 두꺼운 책도 잘 읽고, 인성까지 좋은 아이를 저도 바라고 있습니다. 엄마가 제발 책 좀 그만 읽으라고 잔소리해야 하는 아이, 생일 선물은 책을 받고 싶다는 아이, 학교 숙제는 알아서 척척 잘 챙기는 아이, 친구들에게도 인기 많은 아이, 그런 엄친아 주변에 꼭 한 명씩 있지요. 엄친아들 때문에 우리 아이가 찌그러져 보이죠. 엄마가 조금만 노력하면 아이도 완벽하게 해줄 것 같아요. 어느새 기준은 엄친아에게 향합니다.

공부든 독서든 기준은 내 아이여야 합니다. 엄마의 과한 기대는 아이를 괴롭히기만 합니다. 억지로 밥을 먹이면 몸이 아프듯 억지로 책을 읽히면 마음이 아파요. 책에 대한 거부감이 들며 평생 책을 거들떠보지 않을 수 있어요. 독서뿐이겠어요. 아이의 공부, 학교 생활이 흔들릴 수 있습니다.

공부를 잘하며 비관적이었던 아이 뒤엔 철두철미한 엄마가 있었습니다. 아이의 공부 스케줄을 빼곡하게 적어주는 엄마였어요. 시험 문제 중 하나라도 틀리면 왜 틀렸는지 함께 심각하게 고민합니다. 아이의 입시에 필요한 책은 꼼꼼하게 읽으라고 강요합니다. 아이가 밤을 새워 시험공부를 하면 엄마가 옆에서 지키고 있어요. 시험 성적에 중요한 수행평가는 빠짐없이 엄마도 같이 집요하게 준비합니다. 수행평가에 들어가지 않는 수업엔 학원 숙제를 하라고 일러둡니다. 아이의 공부 성적은 늘 상위권이었지만, 엄마의 칭찬은 늘 인색합니다.

'설마 이런 엄마가 있겠어?' 하겠지만, 실제로 교실에서 자주 보았네요. '나는 그러지 말아야지.' 하며 마음을 다잡습니다. 이런 무시무시한 엄마가 될 바엔 책육아를 하지 마세요. 아이가 실컷 놀며 좋아하는 것, 잘하는 것을 적극적으로 지원하는 편이 낫습니다. 아이의 행복이 우선이니까요.

경쟁 사회에서 아이들의 비교는 불가결한 일인지 모르겠습니다. 내 아이의 모습을 보고 실망스러운 적도 있지요. 엄마의 잘못은 아닌지 자책하곤 합니다. 책 모임에서도 피할 수 없는 얘기입니다.

그렇지만 책 모임 엄마들은 엄마가 욕심낼수록 아이는 책과 멀어지는다는 걸 알고 있어요.

아이들의 무한한 잠재력을 믿습니다. 빠르기는 다르지만 아이들은 자기 속도대로 크고 있어요. 잘못된 책육아는 부모와의 유대관계조차 끊어지게 만듭니다. 아이의 인생관을 망칩니다. 책 읽기의 주인공은 내 아이입니다. 엄마도, 아빠도, 옆집 아이도 아닙니다. 아이의 독서는 자기 생각에 맞게 즐기는 활동이어야 합니다.

책육아 환경
만들기

✦ 도서관을 집처럼

"이번에 ○○도서관에서 새 책을 구입했어요. 얼른 가보세요."

책 모임 단톡방에 반가운 카톡이 울립니다. 엄마들은 얼른 도서관으로 향합니다. 발 빠르게 빳빳한 새 책을 빌려오지요.

책 모임 엄마들은 도서관에 책이 입고되는 날, 신청한 희망 도서가 도착하는 날, 문화 행사를 신청하는 날 등 각종 도서관 일정을 꿰고 있습니다. 도서관에서 좋은 정보가 있으면 주저 없이 단톡방에 정보를 공유합니다.

도서관을 집처럼 오가기 때문에 가능한 일이지요. 책육아의 필수는 엄마의 도서관 탐방입니다. 책 모임 엄마들은 침새가 방앗간

들르듯 도서관을 애용합니다. 도서관의 사서 선생님들이 엄마들의 얼굴과 이름을 기억할 정도예요. 도서관을 한 군데만 이용하지 않습니다. 지역 도서관을 사방팔방 누비며 다니는데요. 전자도서관까지 적극적으로 활용합니다.

아이 책, 엄마 책, 할 것 없이 책을 모두 구입하기에는 경제적으로도 부담이 됩니다. 도서관은 누구나 이용할 수 있는 최적의 책 창고입니다. 원하는 책을, 그것도 여러 권 빌릴 수 있어요. 요즘은 동네마다 작은도서관이 많이 생겼고, 상호대차 서비스가 생겨서 더욱 편리해졌습니다. 검색한 책이 근처 도서관에 없으면 다른 도서관에서 집 앞 도서관으로 배달해주니 멀리까지 원정가는 수고를 덜어줍니다. 지역 도서관을 십분 활용하세요. 직장맘도 가능합니다. 주말에 도서관은 항시 열려있습니다.

아이와 함께하는 도서관 나들이는 엄마와 애정을 쌓는 시간이 됩니다. 아이는 마음껏 책을 구경하지요. 만화책만 읽어도 괜찮습니다. 책에 대한 호감도가 상승하면 그만입니다. 책도 자주 봐야 정이 들어요. 책을 직접 볼 수 있는 기회를 많이 만드세요. 아이에게 읽고 싶은 책을 고르게 하는 것도 좋은 방법입니다. 자기가 고른 만큼 읽기 동기가 높아집니다.

도서관에는 아이 독서교육을 위한 다양한 프로그램이 있어요. 무료 프로그램이 대부분입니다. 아이의 흥미를 고려하여 프로그램을 활용하는 것도 아이의 독서 습관에 도움이 됩니다. 집에서 하는 책 읽기가 재미 위주여서 엄마 마음이 불안했다면 독서전문가에 의한 활동을 활용해보세요. 엄마에게도, 아이에게도 알찬 독서 활동으로 도움이 됩니다.

책 모임의 아이들은 지역 도서관 외에 학교 도서관도 활발하게 드나듭니다. 엄마와 도서관 방문이 어색하지 않았기 때문이기도 하지요. 학교 도서관에는 또래 아이들에게 인기 있는 도서, 학교 공부를 위한 필독서가 여러 권 구비되어 있어요. 아이가 관심을 가지고 자주 이용하면 인기 있는 책도 쉽게 빌릴 수 있습니다. 부모님도 회원가입이 되기 때문에 아이와 엄마가 함께 방문하는 것도 추천합니다.

빌 게이츠는 어린 시절을 회상하며 "나를 키운 것은 동네 도서관이었다."라고 말했습니다. 책을 통해 통찰력을 키운 빌 게이츠는 성공의 열쇠를 도서관에서 찾았습니다. 독서 세계에 눈을 뜨고 독서 습관을 잡은 곳은 다름 아닌 도서관이었지요.

도서관을 줄기차게 드나드는 이유는 아이 일상에 책을 곁에 두기 위해서입니다. 책이 있어야 책을 읽잖아요. 집안 곳곳에는 책이 넘쳐납니다. 아이의 방, 거실, 식탁에도 무심하게 책이 여러 권 널려 있어요. 매일 생활하는 공간에 책이 없으면 더 어색합니다. 밥을 하려면 쌀이 있어야 하듯이 책육아를 위해 책이 집안 여기저기에 있는 건 당연합니다.

✦ 심심한 아이로 키우기

'스몸비smombie'란 말 들어보셨어요? 스몸비는 한경 경제용어사전에 따르면 스마트폰을 들여다보며 길을 걷는 사람들로 스마트폰smart phone과 좀비zombie의 합성어를 말합니다. 횡단보도를 건너며, 학교 길을 가며 스마트폰에 집중해 주변을 살피지 않고 걷는 아이들을 흔하게 봅니다. 스마트폰을 가진 초등학생 10명 중 8명은 길을 걸으며 휴대폰을 보는 '스몸비'족입니다. 길거리에서도 이런데 어디 앉을 곳만 있다면 아이들의 스마트폰 몰입도는 더욱 높아집니다.

좀비라는 말이 어색하지 않습니다. 어른도 스마트폰에 한 번 빠지면 헤어 나오기 힘들지요. 유튜브 영상을 켜고 한두 개만 보려는데, 서너 시간이 훌쩍 지납니다. 판단력이 미숙한 아이들의 상황은 더욱 심각해요. 고등학생들에게 물으니 공부의 최대 적은 스마트폰이라고 합니다. 학생들 자신도 정확하게 인지하고 있어요. 알아도 손에서 놓지 못하는 스마트폰, 진짜 공부를 열심히 하겠다고 다짐한 학생들은 직접 스마트폰을 해지하지요. 몇 명 되지 않지만요.

강한 의지가 없는 초등학생들의 스마트폰 사용은 불 보듯 뻔합니다. 아이들은 등·하교 길에, 학원을 가는 버스 안에서, 놀이터에서 삼삼오오 스마트폰을 봅니다. 자극적인 영상과 쉴 새 없이 나오는 재미있는 콘텐츠, 아이들을 유혹하기에 충분합니다. 이 좋은 걸 두고 책을 왜 읽겠어요? 책보다 손을 뻗는 건 스마트폰입니다.

책 모임의 아이들도 스마트폰이 있습니다. 사실 무늬만 스마트폰이에요. 인터넷, 유튜브, 게임을 철저하게 엄마가 관리합니다. 단순히 아이와 연락을 위해 사준 스마트폰이거든요. 전화, 메시지, 카메라만 되는 멍청한 스마트폰입니다. 그래서인지 도통 책 모임의 아이들은 스마트폰을 들여다보지 않습니다. 오로지 전화 용도로만 사용하지요. 사자마자 신나게 찍어대던 카메라 기능도 잊은 지 오래입니다.

그렇다고 책 모임 아이들이 엄마의 유년 시절처럼 스마트기기를 완전히 사용하지 않는 것은 아니에요. 온라인 수업으로 컴퓨터 사용은 자연스러운 일이 되었습니다. 친구들과 만나면 게임 얘기도 빠지지 않지요. 유튜브 영상도 경험해봤고, 필요한 정보가 있으면 적극적으로 인터넷을 활용합니다.

단, 규칙이 있습니다. 스마트기기를 사용할 때 엄마와 아이는 약속했어요. 가정마다 다르지만 큰 맥락은 비슷합니다. 게임은 주말에 정해진 시간만큼 합니다. 게임 중독이 무서운 게 매일 습관처럼 해서 일상이 되는 거거든요. 주말 1시간씩 하는 게임보다 매일 10분씩 하는 게임이 더욱 위험합니다. 따라서 게임은 주말로 제한해요. 재미로 보는 유튜브 영상도 주말만 이용합니다. 아이는 온라인 수업, 영어 영상 보기, 학교 숙제를 위한 자료 조사 등 꼭 필요한 경우에만 주중에 스마트기기를 사용할 수 있습니다. TV도 웬만해선 틀어놓지 않습니다. 최대한 아이를 심심하게 내버려 두지요.

스마트기기를 들일 때 아이와 확실하게 약속했습니다. 좀비처럼 되기 쉽다는 걸 알기에 엄마가 먼저 사용 기준을 만들어줘야 합니다. 아이를 설득하고 협상해서 올바른 스마트기기 사용 습관을 들여야 해요. 그래야지만 공부, 독서, 운동, 수면 등 다른 생활에도 지장이 없습니다.

책보다 재미있는 게 널린 세상입니다. 아날로그의 물성을 지닌 책을 읽기엔 세상은 현란하고 빠릅니다. 아이가 느림을 경험하고 심심함을 알아야 해요. 아직 엄마 말이라면 곧이곧대로 듣는 아이들, 천천히 사색하는 길을 안내해 주세요. 스몸비로 전락하지 않고 생각하며 길을 걸을 수 있도록 말이에요.

책으로
아이와 교감하기

✦ 책 읽기 루틴 만들기

아이가 책이 좋아서 잠도 안 자겠다고 한다는 아이가 있다면 서요? 아침에 일어나자마자 책을 찾는 아이, 책이 곧 장난감인 아이 더러 있습니다. 밥 먹는 시간도 아까워 식사 시간에도 책을 보는 아이, 어느 집 아이인지 참 부럽습니다. 책 모임 엄마들의 책육아 경력도 짧지 않은데요, 그런 기적 같은 아이는 단 한 명도 없습니다.

책육아를 하는 부모라면 바라는 그림이 있습니다. 아이가 책을 자발적으로 찾아 읽는 모습이에요. 학교에서 내주는 숙제가 아닌, 엄마가 하라고 해서 하는 독서가 아닌 스스로 하는 독서 말이지요.

그래서 아이가 배 속에 있을 때부터 노력했습니다. 부지런히 책을 읽어주고 아이 주변엔 늘 책을 두었지요. 책육아 경력 7년, 학교 갈 때 즈음이면 읽기 독립도 되었고 알아서 읽어야 하는 거 아닌가요?

네, SNS에서 그런 기특한 아이를 본 적 있긴 하지만, 책 모임의 아이들은 아닙니다. 아직 책을 마음에서 우러나와 읽기란 보기 드문 일입니다. 아무리 도서관을 자주 드나들고 책을 많이 사줘도 아이의 읽기 의지와는 거리가 멉니다. 그렇다고 아이의 독서 욕구가 오를 때까지 기다릴 수만은 없습니다.

아이가 한글을 몰랐을 때를 상기해보세요. 엄마는 아이 의사와 상관없이 잠자기 전 루틴으로 아이에게 책을 읽어주었습니다. 고정된 일상이었어요. 밥 먹고 양치하듯 습관처럼 하는 일이었습니다. 어쩌다 바쁜 날이면 책 읽기를 건너뛰기라도 하면 아이는 떼를 쓰기도 했지요.

학교에 들어간 아이는 한글을 제법 읽으며 읽기 독립을 하였습니다. 이제 책 읽기는 온전히 아이의 몫이 되어 버린 것이지요. 여러 해 동안 공들인 잠자리 독서 루틴도 아이가 스스로 지켜주길 바랍니다. 강요하는 독서는 책을 싫어하게 만드는 최악의 방법인 걸 알기에 잠자코 아이를 지켜봅니다.

아이는 엄마 마음처럼 움직이지 않아요. 책보다 신나는 일이 많습니다. 친구들과 놀아야 하고 게임도 해야 해요. 학원 가기, 학원 숙제, 학교 공부 등 해야 할 일은 얼마나 많은데요. 굳이 머리 쓰며 책까지 들여다볼 여유가 없습니다. 가끔 만화책이나 읽으면 다행이게요. 언젠가 아이가 책을 다시 찾으리라는 엄마의 마음은 초조함으로 바뀌게 되지요.

아이에게 독서가 무엇보다 중요하다고 생각한다면 유아기 때처럼 독서 시간을 루틴으로 만드세요. 책 모임 엄마들의 아이들은 시간을 정해두고 책을 의무적으로 읽습니다. 초등 시기는 생활 습관, 공부 습관을 잡는 시기입니다. 아직 가치관이 확립되지 않은 아이들은 가정에서 학교에서 하나둘 규범을 배우지요. 글씨 쓰는 법, 준비물 챙기는 법, 알림장 적는 법 등 세세한 모든 것이 아이가 평생에 가져갈 습관의 토대가 됩니다. 독서 습관에 가장 힘을 기울이는 것도 초등 시기입니다. 학교 교실마다 학급문고가 비치되어 있고 담임선생님은 매일 짧은 시간이라도 독서를 권합니다.

강요에 의한 독서는 아이가 책에 관해 부정적 시각을 가질 수 있습니다. 맞습니다. 집에서까지 강제로 책을 읽으면 더 책을 놓지 않을까 걱정되실 거예요. 책 모임 엄마들도 충분히 알고 있기에 현명하게 습관을 들이는 방법이 있습니다. 유아 때처럼 독서 습관을 들입니다. 독서 시간은 고정해두되 엄마가 아이의 독서 시간을 함께합니다. 독서 시간은 아이에게 숙제 같은 시간이 아니라 엄마와의 교감하는 꿀 같은 시간입니다.

읽기 독립이 되었어도 엄마는 아이가 책을 읽으면 함께 있습니다. 감시하기 위함이 아니에요. 아이는 아이의 책을, 엄마는 엄마의 책을 읽습니다. 엄마는 스마트폰을 보고, 아이는 책을 읽으면 아이는 그야말로 억울한 시간이겠지요? 아이가 행복한 시간으로 느끼도록 엄마도 아이의 독서 활동에 일조합니다. 아이를 사랑하는 마음을 듬뿍 담고 각자의 독서를 즐깁니다. '아이가 잘 읽고 있나?', '설렁설렁 읽고 있나?'라는 의심의 눈초리는 아이의 독서 습관을 나락으로 떨어뜨리는 지름길입니다. 아이가 아기였을 때처럼 아무 기대 없이 아이와의 시간을 즐깁니다.

초1에 15분 책 읽기도 힘들었던 아이들은 중학년 즈음 되며 독서 시간이 점차 늘어났습니다. 1시간은 거뜬히 읽어냅니다. 엄마가 늘 곁에 있었던 아이들은 이제 독서 습관이 잡히며 엄마 없이도 즐겁게 책을 읽고 있습니다. 마법처럼 스스로 책을 찾으며 엄마를 깜짝 놀라게 하고 있지는 않지만, 언젠가는 그럴 날이 오리라 고대하고 있습니다.

아침밥을 꼬박꼬박 먹고 출근하는 부모는 아이에게 어김없이 아침밥을 준비합니다. 아침밥 먹는 습관은 아이의 습관이 됩니다. 든든한 아침밥을 먹어야만 하루가 편안하지요. 아침밥을 거르면 배 속이 허전하고 공부도 잘되지 않는 것 같습니다. 반대로 아침밥을 챙기지 않는 집은 저마다의 이유로 아침밥을 거릅니다. 아침밥을 먹지 않는 습관을 들인 아이는 아침밥을 먹으면 더부룩하고 머리가 둔한 느낌이 듭니다.

습관이 그렇습니다. 책 읽기도 아침밥과 같아요. 부모가 아이에게 유산으로 물려줄 습관에 우선순위가 무엇인지에 따라 아이의 습관이 결정됩니다. 부모가 독서를 중시하는 것만큼 아이에게 습관을 잡아주면 책 읽기는 아이의 일상이 됩니다. 하루라도 책 읽기를 하지 않으면 마음이 허전합니다.

아이가 책을 안 읽어도 불안하고 책을 수동적으로 읽어도 불안하다면, 책을 읽히세요. 아이에게 여든까지 가는 습관을 들인다고 생각하세요. 한 땀 한 땀 만든 아이의 습관은 아이 인생의 질을 좌우합니다.

✦ 아이에게 책 읽어주기

아이와 엄마가 책으로 교감하는 최고의 방법은 아이에게 책을 읽어주는 거예요. 혼자 책을 읽을 수 있는데 굳이 읽어줘야 하는지 의문이 듭니다. 오히려 아이의 독서 실력을 망치는 건 아닌지 의심이 듭니다. 더불어 바쁘고 지친 엄마, 아빠 일상에 책 읽어주기란 버거운 일이지요.

짐 트렐리즈의 『하루 15분 책 읽어주기의 힘』에서는 부모의 책 읽어주기의 필요성을 얘기합니다. 트렐리즈는 아이에게 매일 책을 읽어주면 아이의 뇌가 자극되어 이해력, 어휘력이 좋아진다고 말합니다. 그뿐만 아니라 부모와 끈끈한 유대관계가 생긴다고 했습니다. 그러면서 아이가 배 속에 있을 때부터 열네 살이 될 때까지

하루에 15분씩 책을 읽어주라고 권유하고 있습니다.

이유는 아이의 듣기와 읽기 능력이 중학교 2학년 무렵 같아지기 때문이에요. 아이들은 혼자 읽으면 이해하지 못하는 내용도 듣기를 통해 이해할 수 있습니다. 아이들 어릴 때를 떠올려 보면 공감이 가실 거예요. 한글은 한 줄도 읽지 못했던 아이들은 엄마가 책을 읽어주면 집중해서 이야기를 즐기고 있었습니다.

소리 내어 책을 읽어주는 건 책 읽기 방법을 알려주면서도 독서의 기쁨을 선사합니다. 생동감 있는 부모의 목소리는 혼자 읽었을 때보다 이야기의 맛을 살려줍니다. 부모와 상호작용하며 읽는 책이라 안정적인 정서가 형성되지요. 책에 대한 호감 정도는 상승하기 마련입니다.

물론 아이의 홀로 독서도 필요하지만, 아이가 거부하지 않는다면 책 읽어주기를 지속해야 해요. 바쁘더라도 틈을 만들어 아이에게 책을 읽어주세요. 잠자기 전 시간을 내도 좋고 아침 시간도 괜찮습니다. 아이와 스킨십하며 책을 읽어주면 효과는 더욱 좋아집니다.

책 모임의 엄마들에겐 '책 읽어라.'라는 명령보다 '책 읽자.'라는 말이 자연스럽습니다. 아이의 독서 레벨을 올리고 싶을 때는 엄마가 앞부분을 재미있게 읽어줍니다. 아이는 뒷얘기가 궁금해서 엄마의 손에 들려 있는 책을 가로채 스스로 읽기도 하지요. 아이가 잘 읽지 않은 분야의 책도 엄마의 책 읽어주기로 아이의 흥미를 일으킬 수 있습니다. 과학 분야의 책을 좋아하지 않는 아이라 할지라도 엄마와 대화를 나누며 어려움 없이 시도할 수 있습니다.

책 읽어주기의 필요성을 다수의 엄마가 공감하는 탓인지 요즘은 책 읽어주는 아르바이트도 있다고 합니다. 대학생이나 가정주부가 와서 책을 읽어주는 형식인데요. 글쎄요, 엄마가 읽어주는 것처럼 효과가 있을지 의문입니다. 책 읽어주기는 독서 이상으로 엄마와 깊이 소통하며 교감하는 활동이니까요. 서로의 마음과 생각을 읽는 시간이니까요.

과업이라 생각하지 말고 책을 읽어주세요. 지레 포기하지 마세요. 많은 시간을 할애하지 않아도 됩니다. 15분이어도 충분합니다. 하루 15분으로 아이의 유대관계를 끈끈하게 하고 인지발달도 된다면 해볼 만한 투자 아닌가요? 선생님처럼 지식을 하나라도 넣겠다 생각하면 아이는 금방 눈치를 챕니다. 열네 살까지 책 읽어주기가 가능하단 말은 그만큼 부모와 아이 관계가 건강하다는 얘기입니다. 아이가 아기였을 때처럼 사랑으로 책을 읽어주세요.

아이에게 맞는
책 읽기

✦ 발달 수준에 맞는 책

아이가 태어나고 뒤집고, 기고, 걷는 행동은 순차적으로 일어납니다. 사람의 발달은 누구 하나 다를 것 없이 일정한 단계를 거치지요. 운동 능력뿐이겠어요. 언어능력, 사회성, 인지능력은 나이마다 시기에 따라 적절한 절차를 통해 발달합니다.

아이가 조금이라도 늦게 걸으면 엄마 마음은 조급해집니다. 남들보다 빨리 걸으면 운동선수가 될 거라며 호들갑을 떨기도 해요. 인생을 길게 보면 아이의 발달은 큰 영역 안에서 조금 빠르고 느린 정도입니다. 상위 0.01%가 아닌 이상 단계를 뛰어넘어서까지 발달하지 않습니다.

최고의 교육은 아이 맞춤 교육이지요. 아이의 발달 수준에 맞춰 적절하게 환경을 제공하는 게 가장 효율적입니다. 조금 앞선다고 무리하게 다음 단계의 교육을 미리 한다면 역효과만 날 뿐입니다. 과도한 선행학습으로 정작 제 학년의 시험은 망치고 이도 저도 아닌 상황을 심심치 않게 보셨을 거예요.

독서도 마찬가지입니다. 아이의 발달 단계에 맞춘 시기적절한 책 읽기가 되어야 합니다. 아이의 인지발달이 어떻게 이루어지는지 알고 있으면 도움이 됩니다. 아이의 사고체계도 단계에 맞춰 충실하게 발달하지요. 교육학에서는 피아제의 인지발달 이론이 아이의 인지발달을 체계적으로 설명해주고 있어요. 학교에서 배우는 교육과정의 근간이 되는 이론 중 하나도 피아제의 이 이론입니다. 표를 통해 설명하겠습니다.

피아제의 인지발달이론

1	감각운동기 (출생~2세)	• 언어와 같은 상징적인 기능이 작용하지 못함 • 감각-운동을 통해 외부 환경 이해 • 모방, 기억, 사고를 사용하기 시작함
2	전조작기 (2~7세)	• 표상적 사고 가능 • 자기중심적 사고 • 생명이 없는 대상에게 감정 부여
3	구체적 조작기 (7~11,12세)	• 구체적 사물을 다루는 데 논리적 사고 가능 • 부분과 전체, 상하 위계적 관계 이해 • 보존 개념 습득

| 4 | 형식적 조작기
(11~12세 이후) | • 구체적 대상 없이도 추상적으로 사고 가능
• 가설 연역적 추리의 사고 가능
• 언어적 상징을 이해
• 종합적 추리 가능 |

Herbert P.Ginsburg, 『피아제의 인지발달이론』, 김정민 옮김, 학지사, 2006

유아기에 해당하는 아이에게 구체적 조작기의 인지발달을 기대하기 어렵습니다. 인형을 사람처럼 대하며 얘기하는 아이에게 인형을 왜 사람처럼 대하는지 논리적인 이유를 묻는 건 어불성설입니다. 초1부터 초4까지는 구체적 조작기에 해당합니다. 이 시기 아이들은 눈에 보이는 구체물이 있으면 논리적인 사고가 가능합니다. 사건의 원인과 결과를 이해합니다. 자기중심적 사고에서 벗어나 이타적인 마음을 헤아립니다. 전조작기 아이들처럼 더는 인형을 살아있는 사람으로 보지 않지요.

문제는 구체적 조작기 아이들에게 형식적 조작기의 인지발달을 요구하는 데 있습니다. 구체적 조작기 아이들은 아직 추상적인 사고를 하기 어렵습니다. '돌다리도 두드려 보고 건너야 한다.'라는 속담의 속뜻을 이해하기 어려운 나이입니다. 논리적 사고가 조금씩 가능해졌다고는 하지만 언어의 상징, 종합적인 비판 능력을 하기까지는 아직 시간이 필요합니다.

눈높이 교육이라고 하지요. 독서에도 눈높이가 필요합니다. 아이의 발달 단계를 이해하고 큰 단계 안에서 아이의 수준에 맞게 독서를 해야 해요. 300장, 400장 페이지만 늘려서 능사가 아닙니다. 아이의 인지발달에 적합한 책을 읽어야 합니다.

학년별로 제공되는 필독서를 다 읽었다고 아직 사고의 발달이 여물지 않았는데 다음 학년의 필독서를 먹어 치우듯이 들이밀지 말아야 합니다. 조금 빠른 아이일수록 인지 수준을 고려하여 제 학년에 맞게 수평적인 독서를 해야 합니다. 반면 조금 느리다 생각되는 아이도 아이의 눈높이에 맞는 책이 제격입니다. 아이의 정서, 인지에 맞는 책을 읽게 해야 해요.

아이의 키는 몇인지, 몸무게는 몇인지, 줄넘기는 몇 개 뛸 수 있는지 정확하게 알 수 있는 사람은 부모입니다. 아이의 자기중심적 사고가 이타적으로 변했는지, 육하원칙에 맞춰 상황을 설명할 수 있는지 제대로 파악할 수 있는 사람도 부모입니다. 부모가 누구보다 내 아이의 인지발달 상황을 잘 알지요. 아이의 발달에 맞는 책은 학교 선생님도, 도서관 사서 선생님도 모릅니다. 부모가 아이의 수준에 맞는 책을 제공해주세요.

✦ 관심에 맞는 책

책 모임 엄마들의 아이 독서교육의 최고의 목적은 즐거운 책 읽기입니다. 독서감상문을 쓰고 독후 퀴즈를 푸는 게 목적이 아닙니다. 무조건 책의 즐거움을 알게 하는 게 우선입니다. 아이가 재미있게 책을 읽으면 그만입니다.

　도서관을 주야장천 드나드는 이유도 여기에 있습니다. 책 모임 엄마들은 전집을 그렇게 선호하는 편이 아니에요. 큰돈 들여 전집을 들여놓으면 아이가 읽지 않을 책이 훨씬 많으리란 걸 알고 있거든요. 부지런히 도서관에서 아이가 좋아할 만한 책을 산더미처럼 빌려옵니다.

　아이의 읽을 책은 아이가 정합니다. 엄마가 수십 권을 빌려와서 한 권만 읽어도 어쩔 수 없습니다. 아이의 의사를 존중해요. 똑같은 책 한 권만 일주일 내내 반복해서 읽어도 나무라지 않습니다. 한 권이라도 읽어주니 다행이라 생각합니다. 한 권도 읽지 않는다고 하면요? 그러면 전자책을 뒤지든 다시 도서관을 가든 아이의 취향에 맞는 책을 다시 골라옵니다.

　도서관과 학교에는 필독서가 존재하지만, 책 모임 엄마들에겐 그다지 중요하지 않습니다. 필독서는 독서 수준을 가늠하는 정도로만 활용합니다. 책 선정엔 아이가 고른 도서가 가장 독서의 효과를 높일 수 있다고 믿습니다. 책은 재미있어야 읽습니다. 재미는 아이의 몫이기에 아이의 선택을 전적으로 존중합니다.

　책육아를 1년만 해도 아이의 책 취향을 읽을 수 있어요. 판타지를 좋아하는지, 학교 일상 스토리에 흥미가 있는지, 탐정 이야기에 빠지는지 파악이 됩니다. 베스트셀러를 권하긴 하지만 아이의 취향에 맞지 않아 외면당해도 어쩔 수 없습니다. 아이는 아이가 좋아하는 책을 읽을 자유가 있으니까요.

아이의 책 취향은 아이의 관심 분야와도 연관됩니다. 책 모임에 만화를 좋아하는 아이가 있는데요, 이 아이가 즐겨 읽는 책에는 개성 있는 그림이 가득합니다. 책도 보지만 그림도 본다는 것이지요. 주인공이 그림 그리는 걸 좋아하고 만화와 관련된 직업을 가지고 있다면 읽을 확률이 매우 높습니다.

우리는 영화를 볼 때 보고 싶은 영화만 골라 봅니다. 지식을 얻기 위해서, 비평문을 쓰기 위해서 영화를 보진 않지요. 아이들의 독서도 그래야 해요. 책이 보고 싶고 읽고 싶어야 합니다. 하루 이틀 할 게 아니기에 더욱 아이가 흥미 있는 책이어야 합니다. 도서관에 가보세요. 평생 읽지 못할 만큼의 책이 풍부하게 있습니다. 그중 아이가 좋아하는 책은 분명히 있어요. 한 권을 읽어도 맛있게 봐야 해요. 그래야 다음 책을 찾습니다.

재미있게
독후활동 하기

✦ 자발적 독후활동

책육아를 하고 있다면 엄마들이 챙겨야 할 게 많은 것처럼 느껴집니다. 엄마도 아이의 책을 읽고 내용 확인을 위해 질문을 해야 할 것 같아요. 아이에게 줄거리 요약하는 방법을 알려줘야 하는 건 아닌지요. 모르는 어휘가 있다면 낱말을 찾고 뜻을 쓰게 해야 하는 건지 복잡하기만 합니다.

솔직히 그렇게까지 해야 하는 게 책육아라면 시작도 하지 않았을 겁니다. 책육아 엄마들은 머리보단 발로 뛰는 육아를 합니다. 도서관을 남들보다 자주 방문하는 것밖에 없어요. 아이의 독후활동에 적극적이지 않습니다. 누구보다 관심이 많긴 하지만 애써 눈을

갑습니다.

　이유가 있습니다. 아이가 책을 읽고 독서감상문 쓰기, 줄거리 요약하기, 독서 퀴즈 풀기, 모르는 어휘 찾아 단어장 만들기 등을 하면 정말 좋지요. 정독하며 책의 내용을 정확하게 이해할 수 있으니까요. 하지만 그거 아세요? 아이들이 독서를 가장 싫어하는 원인 1위는 '독서 후 쓰는 독서감상문'입니다. 우리도 독후감을 써 봐서 알지요. 독서감상문은 만만한 녀석이 아닙니다. 부담됩니다. 책 읽기도 엄마가 시켜서 하는데 독서감상문까지 쓰라니 좋았던 책도 싫증이 납니다.

　책 모임 엄마들끼리 아이들 책육아 얘기가 나오면 빠지지 않는 말이 있습니다.

　"묻지 마세요."

　책육아 엄마들은 아이가 읽은 책 내용에 대해 그 어떤 것도 묻지 않습니다. 묻고 싶은 마음이 굴뚝같습니다. 어떤 내용인지, 주요 사건은 잘 파악했는지, 주인공의 아픔은 공감하는지 궁금합니다. 책을 다 읽었다고 무심하게 마지막 장을 덮어버리는 아이에 대고 묻고 또 묻고 싶습니다. 하지만 절대 묻지 않아요. 엄마들끼리 "제대로 읽은 건지 뭔지 모르겠어요! 물어보고 싶어 죽겠어요."라고 푸념하지만, 늘 돌아오는 해답은 '묻지 마세요.'입니다.

묻지 않아도 믿는 구석이 있습니다. 아이는 희한하게도 재미있는 내용이면 엄마에게 다가와 먼저 얘기합니다. 엄마는 읽지 않아 모르는 내용인데도 주저리주저리 설명합니다. 가장 인상 깊었던 장면을 손가락으로 짚으며 엄마에게 보여줍니다. 잠깐 보여주는 것도 모자라 자꾸 기억 속에 내용이 맴돈다면서 빈 종이의 여기저기에 낙서하지요. 주인공의 모습을 그리기도 하고 책의 내용을 포스터로 만들거나 미니북을 제작하기도 해요.

아이가 자발적으로 한 독후활동 1 (영어로 낙서하고 게임 만들기, 영어 미니북 만들기)

좋아하면 시키지 않아도 알아서 독후활동을 하더라고요. 네 집 아이 모두 그랬습니다. 아이들은 엄마의 타들어 가는 까만 속을 아는지 모르는지 해맑게 마구잡이로 완성한 독후활동들을 내밀어요. 그걸로 만족이에요. 아이가 좋으면 됐습니다.

'묻지 마, 책육아'는 지금도 유효합니다. 진짜 미칠 정도로 물어

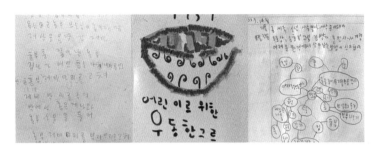

아이가 자발적으로 한 독후활동 2 (시 짓기, 표지 만들기, 마인드맵 그리기)

보고 싶을 땐 소심하게 "재밌었어?"라고 물어요. 어떤 대답도 기대하지 않습니다. 어쩌다 "엄마, 주디 블룸의 다른 책도 있어요? 빌려다 주세요."라고 말하면 속으로 만세를 부릅니다. 아이가 재미있게 읽었다는 증거니까요. 신나는 발걸음으로 주디 블룸의 다른 책을 또 빌립니다.

✦ 글쓰기, 책 토론 시도하기

다양한 독후활동이 있지만, 독서감상문이 대표적입니다. 책을 읽고 느낀 점을 쓰는 활동이지요. 줄거리를 요약하거나 인상적인 장면을 서술합니다. 중·고등학교에는 학교생활기록부에 독서 활동 상황이 있습니다. 아이가 어떤 책을 읽었는지 기록하게 되지요. 담당 선생님은 아이가 써 온 독서감상문을 살펴보고 학생부에 등록합니다.

이렇듯 독서감상문은 학교 생활에서 필수적으로 요구되는 과제입니다. 독서감상문을 쓰는 요령은 학교에서 배우긴 하지만 꼼꼼하게 실력을 키우기 어려워요. 책 모임 엄마들도 공감하고 있습니다. 독서감상문 쓰기를 외면하기는 어렵습니다. 책 모임 엄마들은 독후활동을 적극적으로 하지 않기에 고민이 많았는데요. 독서감상문 쓰기 실력을 보충하는 방법이 있습니다.

독서감상문은 글쓰기입니다. 꼭 독서감상문이 아니라도 글쓰기 실력을 갖추면 독서감상문도 술술 쓸 수 있어요. 생활문, 설명문, 논설문, 독서감상문은 종류는 다르지만 쓰기라는 테두리 안에 있다는 공통점이 있습니다. 글 전체를 구성하고 전달하고자 하는 핵심 내용을 명확하게 전달하면 탁월한 글이 되지요. 뒷받침 문장과 자연스러운 문맥, 적절한 어휘 사용은 좋은 글을 만듭니다. 종류를 떠나 글쓰기 요령은 하나로 이어져 있어요.

글쓰기는 많이 쓸수록 잘 합니다. 운동도 그렇잖아요. 꾸준히 팔굽혀 펴기를 해야 10개, 20개 할 수 있어요. 그래서 책 모임 엄마들은 학교에서 하는 쓰기 외에 집에서 쓰기를 따로 하고 있습니다. 다만 아이의 수준을 충분히 살핍니다. 쓰기는 독서 수준과 상관이 있기에 더욱 세심하게 쓰기의 시기를 고려합니다. 쓰기 실력은 늘 독서보다 아래에 있습니다. 초1 아이에게 공책 한 장 이상의 설명문을 기대하지 않는 이유입니다.

아이마다 취향, 수준을 주의하여 글쓰기 방식을 달리하고 있어요. 일기 쓰기를 꾸준히 하는 집, 자유 주제로 글을 쓰는 집, 신문을 읽고 생각을 글로 쓰는 집 등 모두 다 다릅니다. 그래도 처음은 모두 일기였습니다. 초등 교육과정에서 쓰기를 배우는 글의 첫 형식도 생활문인 일기이지요. 아이가 읽기 독립을 하고 스스로 책을 읽게 되었을 무렵 일기를 자주 쓰게 했습니다. 일기를 쓰다 점차 아이의 관심사에 따라 글의 형태가 바뀌었습니다.

책 모임 엄마들은 논술 지도사가 아닙니다. 올바른 교정에 서툽니다. 지적보다는 칭찬을 아끼지 않아요. 쓰기의 목표도 실력 향상보다 즐거움에 있습니다. 꾸준히 재미있게 쓰다 보면 실력도 따라오리라 믿습니다. 쓰기에 자신감을 가지라고 아이를 북돋는 말을 아끼지 않습니다. 맞춤법, 띄어쓰기 지적보다 아이가 쓴 글에 공감하는 대화를 먼저 합니다.

글쓰기에 호의적인 감정이 있는 아이들의 글재주는 학교에서 하는 활동에서 티가 납니다. 선생님이 내주는 독서감상문 숙제에서 실력 발휘하지요. 정작 독서감상문은 몇 번 써보지 않았지만 제법 글다운 글을 씁니다. 평소 글쓰기를 소홀히 하지 않았던 까닭이에요. 중·고등학교에 가면 서술형 평가 비중이 높다고 하니 쓰기 연습을 더욱 놓칠 수 없습니다.

한편으론 엄마들이 책을 읽고 토론하는 것처럼 아이들도 책 토론을 했으면 하는 바람이 있습니다. 누구보다 함께 책을 읽는 강점을 알고 있기에 아이들에게 권하고 싶어요.

여럿이 하는 책 토론은 아니지만, 소소한 엄마와의 대화를 통해 책 이야기를 하고 있습니다. 독후활동은 안 한다더니 무슨 토론일까 싶으시죠? 아이가 먼저 책 토론의 시작을 알리면 엄마는 언제나 환영합니다. 거창하게 토론이라 할 것도 없습니다. 아이의 말에 맞장구를 치며 책에 관해 대화를 나누는 것이지요. 아이가 읽은 책의 주도권은 늘 아이에게 있습니다.

그렇지만 학교에서 배운 책은 엄마가 먼저 관여할 수 있습니다. 학교에서 하는 '한 학기 한 권 읽기' 활동에서 읽은 책에 대해 엄마가 내용을 먼저 묻습니다. 아이는 이미 선생님, 친구들과 내용을 나누었기에 집에서도 자신 있게 말할 수 있어요. 만약 내용 파악이 잘되지 않았다면 엄마가 도와 완전한 이해를 도와줍니다.

기준은 재미로 읽는 책이냐, 공부로 읽는 책이냐에 따라 엄마의 역할이 달라집니다. 집에서 하는 독서, 독후활동만큼은 아이가 주체여야 합니다. 학습을 위한 복습 차원의 독후활동이라면 엄마가 이끌며 대화를 유도할 수 있습니다.

가족 책 토론도 시도할 수 있습니다. 가족 모두 한 권의 책을 읽고 화기애애하게 대화를 나누는 활동입니다. 동화책은 아이만 읽는다는 고정관념을 버리세요. 아이가 재미있게 읽었던 책을 엄마, 아빠도 함께 읽습니다. 같은 책을 읽어도 어른의 시선과 아이의 관점은 다를 거예요. 함께 읽었던 내용에서 인상적인 부분, 재미있었던 부분, 저자가 전달하고자 하는 교훈 등을 말하는 정도만 해도 유의미한 토론이 됩니다.

언젠가는 엄마 책 모임의 아이들끼리 책 토론이 성사되길 바랍니다. 강요로 될 일은 아니지요. 아이의 의사를 충분히 고려하고 있습니다. 아이 책 모임에서 엄마들처럼 증폭되는 독서 효과를 기대합니다.

✦ 책 동아리 참여하기

도서관에 자주 드나드는 엄마이다 보니 도서관에서 주관하는 강좌나 교육 프로그램들이 눈에 들어옵니다. 유아 대상의 책 놀이부터 성인을 위한 독서동아리까지, 독서를 장려하는 다양한 프로그램들이 열리고 있어 관심이 갑니다. 책 모임을 통해 확장된 독서를 경험해본 엄마였기에 아이들과 함께 어린이를 위한 프로그램에 문을 두드리게 되었습니다.

처음엔 초면의 선생님, 낯선 또래 아이들과 함께해야 하는 수업에 아이가 잘 적응할 수 있을지 걱정이 되었어요. 그런데도 책을 매개로 풀어나가는 놀이, 만들기, 토론 활동은 색다른 경험이기에 아이가 재미있게 활동하리라 기대했습니다. 아이는 어색함도 잠시, 호기심 어린 눈으로 활동에 적극적으로 참여했습니다. 인형극, 저자와의 만남 등 단발성 강연부터 시작해서 아이의 관심사와 연결된 분기별 독서문회교실에 참여하면서 이이기 독서에 미음을 활짝 열게 되었습니다.

삼 년여를 아이들과 함께 도서관 프로그램에 참여하다 보니, 책을 바탕으로 펼쳐지는 문화의 흐름이 제 눈에 들어오게 되었습니다. 독후활동으로는 독후감에서 논술로 발전하는 것이 전부인 줄만 알았는데, 책 놀이로 시작해서 뮤지컬, 미술, 공예, 과학, 경제 수업까지 전 분야로 확장되었습니다. 스마트폰 애니메이터, 아나운서 수업에 참여하며 디지털 리터러시를 배우고 낭독의 즐거움을 맛보았습니다. 아이는 도서관에서 시대의 흐름에 몸을 맡기고 자유롭게 새로운 세상을 탐험하고 있었습니다. 아이가 서가의 책 기둥만 보고도 인문, 사회, 역사, 예술, 자연과학, 문학을 아우르는 다채로운 세계로의 여행을 떠날 수 있는 독서가로 키우기 위한 도서관의 부단한 노력을 눈치챌 수 있었습니다.

수업에 참여하면 할수록 구면인 친구들이 많아졌습니다. 함께 읽고 배우는 경험에 빠져든 친구들을 또 다른 수업에서도 만나게 되었거든요. 처음에는 쑥스러워하고 모르겠다고만 하던 꼬맹이들이었는데, 점점 자기 생각과 느낌을 표현하는 데 능숙한 어린이가 되어 너나 할 것 없이 대화에 참여하고 있었습니다. 다른 친구의 의견을 경청하는 자세를 갖춘 아이들의 통통 튀는 대화를 들으며 '아이들이 독후활동을 통해 성장하고 있구나.'를 느꼈습니다.

도서관에서 주최하는 독서 프로그램은 다양한 이점이 있습니다. 다채로운 프로그램이 존재하는 건 물론이고 비용의 거의 들지 않습니다. 활동 준비물을 제공해주는 도서관도 많아요. 의지만 있다면 손쉽게 참여할 수 있습니다. 가장 중요한 프로그램의 질이 보장됩니다. 전문가 선생님들이 정성껏 준비해 온 활동이 알찬 시간을 만듭니다. 무엇보다 선생님의 지도 아래 친구들과 함께 책 읽는 경험은 아이들에게 소중한 독서 추억이 되지요. 함께의 힘으로 책 읽기의 동기가 저절로 생깁니다.

아이의 독서 아웃풋이 궁금하시다면 아이와 함께 도서관의 강좌나 교육 프로그램에 참여해보세요. 집에서는 찾아볼 수 없었던 우리 아이의 남다른 취향과 적극적인 독후활동의 모습을 발견하실 거예요. 일련의 책 동아리 활동을 통해 아이는 진정한 독서가로 한 단계 성장해 있을 겁니다.

믿는 만큼
읽는 아이들

책육아 하며 고민이 많으시죠? 항상 정답은 아이에 있습니다. 내 아이가 즐겁게 읽을 수 있는 책, 시간, 장소, 분위기면 됩니다. 책 모임 엄마들도 수십 번쯤은 해봤을 고민을 나누겠습니다. 우리 아이를 믿고 즐겁게 책육아 하세요.

Q1. 만화책, 봐도 되나요?

아이들에게 학습 만화책이 인기이지요. 줄글 책을 읽지 않는 아이들도 학습 만화책은 곧잘 봅니다. 도서관에 가보면 학습 만화책을 끼고 있는 아이들을 심심치 않게 보지요. 직언을 드리자면, "괜찮습니다."입니다. 아무래도 만화책은 짧은 글로 서사의 힘은 없습니다. 줄글 책 읽을 때처럼 독서의 효과를 보긴 어려운 게 사실이지요. 그래서 만화책만 읽기보다 만화책과 함께 줄글 책을 읽도록 하세요. 우리가 주식으로 밥을 먹으며 가끔 빵을 먹는 것과 비슷합니다. 책은 꼭 먹어야 하는 밥, 만화책은 가끔 먹으면 기분 좋은 간식인 빵입니다. 너무 고민 마세요. 책 모임 아이들도 『마법 천자문』, 『WHY』, 『내일은 실험왕』 시리즈 등을 신나게 읽었습니다. 줄글 책도 잘 읽고 있어요.

Q2. 문학책은 읽지 않으려고 해요. 괜찮나요?

아이들 취향이 제각각이지요. 비문학 책만 읽으려는 아이가 있고 문학책만 읽으려는 아이가 있습니다. 한 분야에 치우친 편독은 어쩌면 아이의 관심 분야를 알아볼 수 있는 긍정 신호입니다. 저희 모임의 한 아이도 몇 년간 자동차에 푹 빠져있는데요. 자동차 영상, 자동차 책, 자동차 체험이라면 모두 좋아합니다. 정답은 아이에게 있다고 했지요. 아이가 좋아하는 분야라면 인정해주고 편독도 너그러이 눈감아주세요. 정 불안하다면 아이의 관심사와 관련된 다른 분야의 책을 연계해주세요. 예를 들면 자동차의 비문학 책뿐 아니라 자동차가 등장하는 소설책으로 연계해주면 아이는 호기심을 가지고 문학책을 보게 될 거예요.

Q3. 전자책만 봐도 되나요?

아니요. 종이책은 꼭 보길 추천합니다. 전자책도 나쁘지 않지만요. 전자책은 보조 매체였으면 해요. 이미 전자기기에 과하게 노출

되어있는 아이들입니다. 종이를 한 장 한 장 넘기며 책만이 가지는 물성을 체험했으면 해요. 종이책이 전자책보다 훨씬 눈이 편안합니다. 읽기 집중력도 종이가 유리합니다. 학교에서 치러지는 시험은 모두 종이잖아요. 부득이한 상황이 아니라면 전자책은 미뤄두세요.

Q4. 읽기 독립은 언제 해야 하나요?

아이가 한글을 읽으면 혼자 책을 술술 읽을 줄 알았지만, 쉽지 않습니다. 아이마다 독서 수준이 다르기에 읽기 독립 시기도 천차만별이지요. 아무리 독서를 하지 않았어도 혼자 책을 못 읽는 중학생이 없는 거 보면 아이들은 자연스럽게 읽기를 독립하게 됩니다. 하지만 읽기 독립이 고학년까지 되지 않으면 제 학년의 독서 실력을 갖추기 어려워요. 읽기 독립은 초등 저학년까지 하길 추천합니다. 아이의 수준을 살피면서요. 읽기 독립을 할 때는 부모가 옆에서 충분히 도와주어야 합니다. 책의 한쪽은 엄마가 읽어주고, 한쪽은 아이가 읽는 방식을 활용해보세요. 앞부분은 엄마가 읽어주고, 뒷부분은 아이가 읽는 독서 방법도 효과적입니다. 처음엔 만만한 책으로 시작합니다. 짧은 그림책에서 저학년 문고판으로 넘어가면 아이는 스스로 읽게 됩니다. 엄마의 관심과 꾸준한 지도가 필요합니다. 아이가 깔깔거리며 웃는 책이라면 더욱 성공 확률이 높아집니다.

Q5. 낭독은 꼭 해야 하나요?

낭독은 읽기 능력을 높여줍니다. 묵독으로 읽었을 때보다 뇌를 적극적으로 자극하지요. 정독이 저절로 됩니다. 읽은 내용을 똑똑히 기억하는 데에 긍정적인 구실을 합니다. 아이가 허락한다면 초등 저학년까지는 낭독을 추천합니다. 그러나 낭독의 위대한 효과에도 아이가 거절하면 강제하지 말아야 해요. 어른이 된 우리는 묵독으로 책을 읽습니다. 아이들도 독서 습관이 잡히고 독서량이 늘어나면 결국은 묵독하게 됩니다. 낭독에 목숨 거지 마세요. 아이가 좋아하는 방법으로 책을 읽게 내버려 두세요.

Q6. 책을 끝까지 안 읽어도 되나요?

네, 아이에게는 책을 끝까지 읽어야 하는 의무는 없습니다. 이 세상엔, 아니 집 앞 도서관만 가도 재미있는 책은 차고 넘칩니다. 지금 읽고 있는 책을 끝까지 읽어야 할 이유는 없습니다. 끝까지 읽으라고 강요하지 말고, 아이가 끝까지 읽을 수 있는 환상적인 책을 찾아주세요. 눈이 번뜩 뜨일 만큼 재미있는 책은 엄마가 읽으라고 하지 않아도 끝까지 읽고, 또 읽고, 또 읽습니다. 노파심에 말씀드리지만 한 책을 여러 번 읽는 것 또한 당연히 허용합니다. 엄마가 반복 독서를 못 보겠다 싶으면, 다른 기가 막힌 책을 금 캐듯이 또 찾으세요.

Q7. 책을 얼마나 읽어야 하나요?

책 모임의 엄마들은 아이에게 하루 40분에서 1시간씩 한글 독서를 실천하고 있습니다. 영어책도 최소 1시간 이상 독서하고 있어요. 초1부터 1시간씩 한 건 아닙니다. 10분에서 시작해 점차 시간을 늘렸습니다. 초등학교의 수업 시간은 40분입니다. 초등학생들이 집중할 수 있는 가장 효율적인 시간이지요. 따라서 집에서 아무리 독서 욕심이 있다고 해도 초등학생에게 1시간 이상은 무리입니다. 어른도 1시간 이상 집중해서 독서하긴 어렵거든요. 책 내용이 몹시 궁금해서 두 시간이고 세 시간이고 책을 붙들고 있다면 말리지는 않습니다. 늘 기준은 내 아이입니다. 책 모임 엄마들의 시간은 참고만 할 뿐 내 아이가 집중하며 책 읽을 수 있는 시간을 마련하세요.

Q8. 글밥을 늘이려면 어떻게 해야 하나요?

아이의 독서 수준은 단숨에 올라가지 않습니다. 아이가 지금 재미있게 읽고 있는 책이 아이의 독서 수준이에요. 꾸준히 흥미에 맞는 책을 읽고 몰입하게 되면 아이는 저절로 글밥을 늘립니다. 그래도 욕심난다면 지금 아이가 즐겨 읽는 수준의 책과 글밥을 조금 늘인 흥미로운 책을 아이에게 함께 제공하세요. 아이가 글밥이 늘어난 책을 읽지 않는다면 아직 때가 아닙니다. 기다리세요. 억지로 하면 부작용만 일어나는 거 아시죠? 아이의 관심사를 살펴 적절히 글밥 늘리기를 시도하세요.

2장.

책육아의

중심은

튼튼한

가정

아이를 대하는
엄마의 자세

✦ 조건 없는 사랑

우리는 아이를 사랑합니다. 아이에게 책을 읽히는 것도, 공부를 시키는 것도 사랑하는 마음에서 나오는 행동이지요. 세상에서 제일 사랑하는 아이가 원하는 거라면 뭐든지 해주고 싶습니다. 엄마는 아이를 위해서라면 사랑이라는 이름 아래 희생을 감수합니다. 아이를 향한 마음은 순수하지요.

연애할 때 남녀도 그렇지요. 늘 처음은 고결했습니다. 상대방이 마냥 좋아서 만나고 싶었어요. 밥을 먹다가 밥풀을 흘리는 모습도 귀여웠지요. 꼼지락대는 손가락이며, 총총 걷는 발걸음이며 안 예쁜 데가 없었습니다. 사랑이 순수한 마음으로 이어지면 얼마나 좋을까요? 서로 미치도록 사랑했어도 관계는 이내 틀어집니다. 간혹 끔찍한 사이로까지 변하기도 하지요. 뉴스에서 보는 스토킹이라는 말이 이제는 흔한 말이 되었습니다. 사랑은 이내 집착으로 바뀝니다. 아름다웠던 손은 끔찍한 범죄자의 손으로 바뀌고 말지요.

부모, 자식 사이에 스토킹이란 말은 어울리지 않습니다. 그렇지만 아이의 일거수일투족을 간섭하며 집착하는 부모를 더러 봅니다. 보호자라는 이름 아래 다 큰 성인이 되었어도 아이의 사회생활까지 파고듭니다. 아이에게 불이익이라도 생기면 직장 상사고, 대학 교수고, 부대장이고 찾아가 엄마가 해결사를 자처해요. 결혼했어도 엄마가 자식에게 사사건건 간섭하며 부부 사이를 멀게 하는 경우도 보았으니까요.

사랑이 아니라 집착입니다. 어린 아기가 장난감을 가지고 놀다 빼앗기면 울고불고 난리 치며 다시 가져오려는 것과 다르지 않습니다. 엄마의 스토킹 아래 있는 아이는 사람이 아니에요. 엄마의 집착을 확인하는 소유물일 뿐이죠. 사랑으로 둔갑한 엄마의 이기적인 애정입니다.

아이에게 처음 가졌던 순수한 사랑을 잊지 마세요. 엄마는 아기가 배 속에 있을 때 아기의 건강만을 바랐습니다. 전교 1등, 서울대학교 입학은 꿈에 꾸지도 않았어요. 그저 '건강하게 자라만 다오.'라고 빌었습니다. 눈만 끔뻑하고 입꼬리만 살짝 올라가도 귀여운 아기였습니다. 수학 백 점, 영어 백 점은 생각지도 않았지요.

아이는 엄마의 소유물이 아닙니다. 독립된 인간이에요. 아직 미성숙하기에 엄마가 보호할 뿐 아이의 생각까지 엄마가 조종할 수 없습니다. 이기적인 사랑은 아이에게 상처만 남깁니다. 아이를 진정으로 사랑하는 마음은 아이를 어떤 조건도 없이 있는 그대로 좋아하는 거예요. 소통 없이 일방적인 강요가 많은 사랑은 더는 사랑이 아닙니다.

아이들을 보세요. 아이들은 엄마를 무조건 사랑합니다. 원어민처럼 영어 잘하는 엄마, 고전 문학의 내용을 줄줄 읊는 엄마, 호텔 주방장처럼 요리를 잘하는 엄마를 바라지 않습니다. 아이들은 엄마를 그냥 좋아해요. 본능적으로요.

엄마가 아이의 사랑을 배우세요. 엄마의 순수한 사랑을 받는 아이들은 마음이 영롱한 아이로 자랄 거예요. 사람은 마음이 움직이는 대로 행동하지요. 맑은 마음을 지닌 아이는 공부도 독서도 할 수 있습니다. 세상을 헤쳐 나갈 용기도 생기지요. 언젠가는 내 품을 떠날 아이, 너무 많은 걸 바라지 마세요. 순수한 마음으로 사랑을 주세요.

✦ 아이 속도에 맞추기

우리나라엔 '빨리빨리' 문화가 있지요. 성미 급한 한국 사회는 엄마들의 교육열과 맞물려 과도한 선행학습, 조기 교육을 낳았습니다. 대치동에서는 '아이 교육은 어리면 어릴수록 좋다.'라는 말이 흔하게 쓰인다고 하니 우리 시대의 교육상을 단편적으로 보여줍니다.

실제로 교육열이 높은 동네에서는 유아 때부터 영어 교육에 힘을 쏟습니다. 외국에서 살다 온 리터니Returnee들에게 밀리지 않으려면 어릴 때부터 영어 선행학습을 해야 해요. 아이의 수준은 상관없습니다. 한 살이라도 어릴 때 영어를 모국어처럼 만들어주려고 애를 씁니다. 수학은 초1부터 빠르게 달립니다. 초등 졸업 시기에 맞춰 고등학교 수학 정석을 목표로 문제집을 풉니다. 암기해서라도 심화 문제를 풀게 하고 쭉쭉 진도를 빼요. 한글은 유치원 가기 전에 떼고 유치원부터 독서 토론 교실은 붐을 이룹니다.

같은 또래 아이를 키우는 엄마로 이런 얘기를 들으면 초조해집니다. 굳게 가지고 있던 교육관도 흔들리지요. 내 아이의 경쟁 상대이기에 더 불안합니다. 내 아이만 집에서 책이나 보며 놀고 있는 것 같아요. 대치동에 가지는 못하더라도 비슷하게라도 같이 뛰고 싶은 마음이 차오릅니다.

중학교 교실에는 고등학교 2학년이 푸는 수학 문제집을 수학 수업 시간에 푸는 아이가 있습니다. 그야말로 3년 앞서 선행학습을 하는 똑똑한 아이입니다. '중학교 수학이야 이미 배웠어.'라고 자신하며 선생님 수업은 듣지 않고 학원 문제집을 몰래 풀지요. 이런 아이 꼭 있습니다. 안타깝지만 제 학년 수학 시험에서는 중위권을 면치 못하고 있습니다.

아이의 발달 과정과 관계없는 무리한 선행학습은 역효과를 낼수 있습니다. 머리가 똑똑하고 두뇌 회전이 빠른 아이야 선행학습을 해도 되지요. 영재라고 불리는 아이들은 엄마가 부추기지 않아도 높은 수준의 과업을 스스로 요구합니다. 그 아이에겐 선행학습이 아니라 자기 인지발달에 맞는 적기 교육입니다. 하지만 그렇게 영특한 아이는 몇 없습니다. 대부분 아이는 학교 교육과정을 잘 따라가는 게 적기 교육입니다.

고등학교 수학 문제를 풀고 있지만, 중학교 시험 성적은 좋지 않은 아이는 오히려 공부에 대한 의욕이 떨어집니다. 자기 진짜 실력은 무엇인지 헷갈리며 자존감이 낮아지지요. 불안감이 생기고 공부에 아예 흥미를 잃을 수 있습니다.

문제는 엄마가 이끄는 강제적인 선행교육입니다. 내 아이만 뒤떨어지면 안 될 것 같아서, 엄마 마음이 불안해서 아이의 수준을 무시한 채 무리하게 끌고 가는 거죠. 아이에게 이해하지도 못할 고난도의 책을 읽히고 토론 수업에 참여시킨다면 수업의 효과는 장담하지 못합니다.

책육아의 가장 큰 실패 원인도 엄마의 초조하고 불안한 마음에 있습니다. 눈에 띄는 발전이 없기에 안절부절못해요. 엄마는 아이가 책을 좋아하기도 전에 좌절합니다. 빨리빨리 더 두꺼운 책을 읽었으면 좋겠고, 남들보다 더 많이 읽었으면 하는 마음이 큽니다. 아이의 인지발달과 수준은 안중에도 없습니다.

여유로운 마음을 가지세요. 아이의 수능은 아직 멀었습니다. 독서 인생은 더 깁니다. 빨리 가면 넘어지는 법입니다. 마라톤이라 생각하고 시기적절하게 적당히 힘을 주어야 해요. 엄마의 조급함이 아이의 시간과 노력을 낭비하는 꼴이 되지 않게 해주세요. 아이는 아이 속도대로 가고 있습니다. 천천히 가도 좋으니 아이의 속도에 맞추세요.

튼튼한 아이로
키우기

✦ 잘 자고 잘 먹기

코로나로 인해 온라인 수업이 한창일 때 학생들의 수업 참여율이 저조했습니다. 특히 1교시는 심각했습니다. 선생님은 학생에게 전화를 걸어 잠을 깨우는 게 주업무였지요. 9시에 시작하는 수업에 꿈나라에 있는 학생, 도대체 몇 시에 잠을 청한 걸까요?

학교는 꼬박꼬박 제시간에 가야 하기에 졸린 눈을 비비고 등교했습니다. 잠자는 시각이 늦어진 아이들은 온라인 수업으로 인해 불규칙한 생활 습관을 여실히 보여주었어요. 늦은 밤까지 학원을 다녀와서는 숙제도 해야 합니다. 짬을 내 TV와 스마트폰을 보는 게 일상입니다. 취침 시각은 점점 늦어지지요.

잠이 부족한 아이들은 학교 수업이 곤욕입니다. 피곤하게 오전 시간이 흘러가지요. 수업에 집중하지 못하고 엎드려 자기도 해요. 선생님의 말씀은 흘려듣기 일쑤이고 발표는 엄두도 내지 못합니다. 책을 읽어도 자꾸만 잠이 쏟아져요. 공부에 관한 흥미는 떨어지고 의욕도 나지 않습니다.

성인이 되기까지 아이들의 건강은 성장과 직결됩니다. 잠을 충분히 자지 못한 아이들은 주의력이 떨어지는 것뿐 아니라 몸도 마음도 크지 않습니다. 그렇게 간절히 바라는 키도 그렇습니다. 영양제를 먹이고 값비싼 보약을 먹여서 될 건강이 아닙니다. 규칙적인 생활로 아이의 수면 시간을 지켜줘야 합니다.

충분히 잠을 자고 아침밥도 꼬박꼬박 챙겨 먹는 아이들은 다릅니다. 학교에서 1교시부터 명랑한 목소리로 대답합니다. 수업 시간에 활기가 돋고 집중도 잘하지요. 피곤한 기색이 없으니 짜증도 덜 부리고 즐겁게 학교생활을 합니다. 독서 시간에도 눈이 말똥말똥해요. 학교 갈 맛이 나고 공부할 맛이 납니다.

책 모임 엄마들은 무엇보다 아이들의 규칙적인 생활 습관을 만들려고 노력합니다. 독서도 공부도 건강이 바탕이 되어야 하기 때문이에요. 충분히 잠을 잔 아이가 다음 날 독서, 공부에도 집중력을 발휘하리라는 걸 알고 있습니다. 12시가 넘어서까지 책을 읽고 싶다고 졸라도 취침 시간은 10시 내외입니다. 건강이 먼저예요. 그렇게 좋다는 책이야 다음 날 낮에 읽어도 되니까요.

건강한 먹거리도 필수이지요. 아침은 거르지 않고 꼭 챙깁니다. 든든하게 배를 채워 하루를 시작하게 하지요. 야식은 거의 하지 않는 편이에요. 사실 아이들이 10시 전에 모두 취침하니 야식을 먹을 시간이 없네요.

온라인 수업에서 책 모임 아이들은 한 번도 지각한 적이 없습니다. 평소대로 지켜온 생활 습관 덕분입니다. 아이들은 최상의 컨디션으로 하루를 맞이합니다. 키도 쑥쑥 자라고 있습니다.

✦ 잘 놀기

책 모임 아이들은 같은 아파트에 살고 있지 않은데요, 이상하게 똑같은 별명을 가지고 있습니다. 바로 '놀이터 죽돌이'입니다.

코로나가 판을 치기 이전, 학교를 마치고 아이가 매일 들른 곳은 놀이터였습니다. 두 시간이고, 세 시간이고 좋습니다. 저녁밥까지 놀이터에서 해결해야 하는 날이 하루 이틀이 아니었지요. 모임의 한 아이가 아니라 모두 그랬다는 게 신기할 정도입니다.

아이들은 학원을 최소한으로 가고 있습니다. 안 가는 아이도 있고 피아노, 태권도 등 예체능 학원을 한두 군데 다녀요. 교실의 여느 아이보다 시간이 많습니다. 책육아라고 해서 많은 시간을 책 읽는 데 할애하리라 생각하지만, 대부분 시간은 놀이를 위해 쓰입니다. 얼마나 놀이터에 죽치고 있었으면 '놀이터 죽돌이'가 되었을까요. 몸으로 실컷 놀게 내버려 둡니다. 신나게 뛰고 점프하고 논 아이는 침대에 눕자마자 깊은 잠을 자지요.

놀이의 힘을 믿습니다. 책의 힘을 믿는 만큼 놀이는 소중합니다. 아이들은 본능적으로 놀이를 좋아합니다. 아이들에겐 놀 권리가 있어요. 놀이는 아이들의 행복을 위한 기본 조건입니다. 초등 시기엔 하루 중 공부하는 시간보다 노는 시간이 많아야 합니다. 공부는 중·고등학교 때 지긋지긋하게 될 테니까요.

아쉽게도 초등 아이들은 놀 시간이 없습니다. 방과 후 아이들은 학원 버스를 타고 재빠르게 흩어지지요. 학원에서 공부하고 깜깜해져서야 집으로 돌아옵니다. 공부 시간은 6시간이 넘는데 여가를 위한 시간은 1시간도 채 안 된다는 통계는 제 아이의 친구만 봐도 알겠더라고요. 자유 시간이 있다고 한들 아이들은 스마트폰에 정신을 놓습니다. 손가락을 까딱까딱하며 시간을 죽이지요. 아이들의 권리는 지켜지기 어렵습니다. 이런 최첨단 시대에 놀이터에서 재미가 있을까 싶을 거예요. 그마저도 없는 시간인데 편하게 집에서 게임이나 즐기면 되니까요.

아이러니하게도 미국의 실리콘 밸리에서는 디지털 미디어에 종사하는 부모들이 자녀들에게 기술을 멀리하고 놀이를 가까이하도록 지도한다고 합니다. 실리콘 밸리에 있는 '월도프 학교Woldorf School of The Peninsula'는 애플, 구글, 페이스북 등 미국 유수의 디지털 기술의 정점에 있는 경영진의 자녀가 다니는 학교 중 상위에 오르

학교입니다.

이 학교는 유치원부터 고교 과정까지 수업에서 완전히 기술을 배제하고 있어요. 스마트폰, 태블릿, 컴퓨터, 프로젝트 등 그 어떤 디지털 기기는 사용되지 않습니다. 대신 학생들은 종이책과 칠판으로 공부하고, 나무 장난감, 흙장난, 자연 속에서 비 맞기 따위를 하며 노는 활동을 합니다. 교과서도 없고 몸을 움직이고 노는 게 곧 수업이지요. 학교에서는 인간관계와 자연에 초점을 두고 있습니다.

우리나라에서 공교육을 받는 우리 아이들, 공부는 학교에서 충분히 하고 있습니다. 놀이를 허락해야 해요. 스마트폰이 아닌 놀이터에서, 자연에서 하는 놀이 말이에요. 우리 어렸을 때 땅따먹기하고 고무줄놀이하던 시절이 떠오릅니다. 땀나도록 뛰고 나면 기분이 좋아졌어요. 친구들과 다투기도 했지만 화해하며 사회성을 저절로 익혔습니다. 모래로 두꺼비집을 만들며 온갖 상상을 했었습니다. 모래가 무너지기라도 하면 어떻게 다시 튼튼하게 만들까 고민하고 다시 튼튼한 집을 만들었지요.

놀이는 아이들 간에 상호작용, 의사소통이 일어납니다. 자발적으로 놀이를 제안하기도 하고 규칙을 만들지요. 자유 의지를 밝히는 과정이 일어납니다. 실리콘 밸리에서 놀이를 교육의 중심에 둔 이유는 인간만이 할 수 있는 창의성, 상상력, 사고력, 협업 능력을 키우기 위해서입니다. 엄마는 이미 경험했습니다. 이 소중한 경험을 아이들이 수학 문제 푸느라, 게임 하느라 누리지 못하는 현실을 간과하지 마세요.

초1, 2학년 때 '놀이터 죽돌이'였던 아이들은 심심하다고 투정합니다. 3학년이 되니 학원에 가는 아이들이 더 많아졌다고 해요. 코로나도 한몫했습니다. 글쎄요, 아이 때만 누릴 수 있는 특권, 놀이를 포기하면서까지 얻을 수 있는 게 학원에 있을지 의문입니다. 놀이는 책처럼 인간의 고유한 호기심, 창의성, 탐구심을 길러줄 수 있는데 말이지요.

자존감 높은 아이로
키우기

✦ 아이에게 주도권 주기

"엄마, 이 책 읽어도 돼요?"
"엄마, 지금 숙제해도 돼요?"
"엄마, 화장실 가도 돼요?"

아이들은 하루에도 수십 번씩 엄마의 허락을 받습니다. 굳이 필요하지 않은 것도 엄마가 "그래."라고 대답해야 마음이 놓이지요. 아직 판단이 올곧게 서지 않은 아이들에게 자연스러운 현상입니다.

초등학교 교실도 그야말로 선생님의 결재가 나야 아이들은 움직입니다. 화장실 가기, 사물함에서 물건 빼 오기 등 사소한 일도 엄마 같은 선생님의 승낙이 떨어져야 해요. 중학교 1학년만 돼도 이 현상은 그대로 이어집니다. 앞문으로 들어가도 되는지 묻는 학생들, 쉬는 시간에 사탕을 먹어도 되는지 묻는 학생들입니다. 중2가 되면 신기하게 그런 현상은 잦아듭니다. 선생님 몰래 쉬는 시간에 라면을 부숴 먹으니까요.

공부도 그렇지요. 사춘기가 지나며 아이들은 독립적인 결정을 합니다. 엄마의 말보다 자기 선택이 먼저입니다. 정상입니다. 공부를 잘하고 싶은 마음, 두꺼운 책을 읽고 싶은 마음도 이제는 엄마가 하라고 해서 하지 않습니다. 아이들이 알아서 합니다. 어른이 되어 가는 과정입니다.

아직 어린이기에 엄마의 손이 필요합니다. 책가방을 싸고 읽을 책을 골라주는 것, 엄마가 해야 직성이 풀립니다. 독서 분량도 공부 분량도 정해줍니다. 아이의 독서 습관, 공부 습관을 잡아준다는 명목으로 아이를 조종하지요. 아이의 시행착오를 줄여주는 엄마의 노력입니다.

아이 인생 전반에 엄마의 영향력이 크게 작용하는 건 맞지만 언제까지나 아이의 독립을 염두에 두어야 합니다. 아이는 중2만 되어도 엄마의 말을 곧이곧대로 듣지 않습니다. 엄마의 생각이 자기 생각과 다르다고 생각하면 반항도 일삼지요. 초등까지 엄마 말을 잘 듣던 아이도 자기 목소리를 크게 냅니다.

아이는 결국엔 엄마 품을 떠날 거예요. 독립된 인간으로 자기를 표출하고 자기 방식대로 사는 게 건강한 삶입니다. 간혹 고등학생이 되어서도 엄마에게 지나치게 의존하며 공부 전반을 엄마가 간섭하는 경우를 봅니다. 썩 좋아 보이진 않더라고요. 엄마 없이는 매사 자신 없는 아이 모습에 안쓰러운 마음이 들었습니다.

아이의 삶은 아이의 것입니다. 우리가 아이에게 책을 읽히는 이유도 자신만의 길을 찾기 위해서이기도 합니다. 그렇기에 아이에게 주도적인 삶을 살 수 있도록 아이의 선택을 존중해야 합니다. 아이가 혼자 할 수 있는 부분에 대해선 선택권을 폭넓게 주어야 합니다. 책 고르기, 놀이의 방법 정하기, 먹고 싶은 메뉴 정하기, 책가방 스스로 챙기기, 방 정리하기, 자기가 먹은 컵 씻기 등 일상에서 아이가 주도적으로 할 수 있는 부분에 선택권을 주세요.

'자녀에게 물고기를 잡아주면 하루를 살 수 있지만, 물고기 잡는 법을 가르치면 평생을 살 수 있다.'라는 유대인 속담이 있습니다. 아이가 어른의 도움 없이 문제를 스스로 해결하는 방법을 터득하는 교육이 이롭다는 얘기이지요. 주도적 선택권이 있는 아이들은 새로운 문제 상황에도 용기 있게 탐색합니다. 실패하더라도 움츠리지 않습니다. 자신의 선택인 만큼 책임감을 보여줍니다.

엄마가 아이의 크고 작은 일을 일일이 허락해주는 것도 피곤하지 않나요? 엄마의 피로감을 덜어주기 위해서도 아이에게 주도권을 하나씩 넘기는 게 현명합니다. 아이가 힘들지 않을까, 아이를 못

믿어서 허락했던 일들을 무심하게 아이에게 넘기세요. 본래 아이가 결정하고 해야 할 임무입니다.

짐작하셨겠지만 중학생이 되어서도 책을 읽는 아이는 주도적으로 성장한 아이입니다. 부모가 믿는 마음으로 아이의 독서를 지원합니다. 뒤에서 조력하지, 앞에서 좌지우지하지 않습니다. 아이가 먼저 도움을 요청할 때 적절하게 움직입니다. 초등까지만 독서할 거 아니잖아요. 아이를 믿고 자기 삶을 주체적으로 바라볼 수 있게 해주세요.

✦ 내면이 단단한 아이

책 모임 아이들의 공통점이 있습니다. 각기 다른 부모, 전혀 다른 가정환경에서 자랐지만, 아이들은 모두 자존감이 높습니다. 자신에 대해 긍정적인 사고를 지니고 있습니다. '나는 우리 집에서 소중한 존재야.'라고 믿고 있습니다. '나는 사랑받을 자격이 충분해.'라며 자신을 아낍니다.

자존감은 아이들의 행동에도 투영됩니다. 책 모임 아이들은 명랑합니다. 어두운 기색 없이 밝은 에너지가 넘쳐나요. 해맑게 친구들과 어울립니다. 유쾌함이 몸에 배어 있고 유머 감각이 좋습니다. 남의 시선이나 평가에 쿨한 편이기도 하지요. 자기 신체에 대한 만족도가 높기에, 외부의 외모 평가에 크게 상처받지 않습니다.

교실에서 책 모임 아이들은 적극적으로 활동합니다. 자기 의견을 말하는 데 주저함이 없어요. 자기 판단에 확신이 있고 자신감 있게 발표하지요. 틀려도 괜찮다고 생각해요. 잘못된 판단이더라도 크게 좌절하지 않습니다. 실패하더라도 다시 할 수 있다는 자기 믿음이 있기 때문이에요. 그래서 새로운 활동에 두려움 없이 뛰어듭니다. '못하면 어떡하지?'라는 생각보다 '와, 재미있겠다. 잘해보자.'라는 도전 의식이 앞섭니다.

공부를 잘하든 못하든 상관없습니다. 자기 능력을 최대한 발휘하며 만족하며 살고 있거든요. 노력하면 안 되는 건 없다는 걸 알고 있습니다. 외부에 기대기보다 자기 의지를 중요하게 생각합니다. 자신을 유능한 존재로 믿기 때문에 부모에게 크게 의존하지 않습니다. 자기 일에 책임감이 강한 이유이기도 하지요.

책 모임 아이들의 자존감은 어디서 나오는 걸까요? 아이의 인격을 형성하는 데 부모의 역할은 절대적입니다. 어릴 때부터 아이는 부모의 눈빛, 행동, 언어에 따라 자신에 대한 정체성을 만들어갑니다. 부모와의 관계 속에서 자신에 대한 믿음이 싹트고 단단한 자아상을 이루게 되는 것이지요. 그런 면에서 책 모임 엄마들은 다음과 같은 노력을 하고 있습니다.

첫째, 아이에게 공감합니다. 아이라는 이유로 아이의 말을 흘려듣지 않습니다. 가족 구성원 모두 동등한 입장에서 대화가 오갑니다. '애들은 몰라도 돼.'란 말은 금기어예요. 아이가 궁금한 게 있으면 차근차근 설명해줍니다. 아이의 말에 귀를 기울이지요. 아이는 부모와의 대화가 자연스럽습니다. 거리낌이 없어요.

둘째, 칭찬합니다. 아이나 어른이나 칭찬을 좋아하지요. 칭찬은 아이의 자존감을 높이는 최고의 방법입니다. 아이의 성장을 이룬 일엔 어김없이 칭찬합니다. 남발하는 칭찬은 오히려 독이 되는 걸 알고 있습니다. 과정 칭찬으로 효과적인 칭찬을 하려고 노력합니다. 아이의 타고난 재능보다 수고한 점에 중점을 둡니다. 책임감 있게 한 방 청소, 끈기 있게 해낸 줄넘기 운동, 성실하게 한 독서감상문 숙제에 대해 결과보다 과정을 말합니다. 수학 백 점, 말하기 대회 1등에 대해서 '우리 아들 천재!'라고 절대 말하지 않아요. '그동안 정말 열심히 노력했구나, 우리 아들.'이라고 애정 어린 말을 건넵니다.

셋째, 긍정의 말을 합니다. 부모의 긍정적인 사고가 아이의 낙천적인 사고를 만들지요. '힘들어 죽겠다.'라는 말을 듣고 자란 아이는 늘 풀이 죽어 있습니다. 아이에게 부정적인 말보다 긍정의 말을 합니다. 가족 모두 등산할 때 투덜대며 그만 오르고 싶다는 아이에게 '너는 할 수 있어. 조금만 힘내 보자.'라며 격려의 말을 건넵니다. 수학 문제를 풀다가 틀렸어도 '이것도 못 풀어?'라고 질책하기보다 '틀려도 괜찮아, 이러면서 배우는 거야.'라고 용기를 줍니다. 부정적인 평가는 아이를 망치는 일이기에 좋게, 좋게 말하려고 합니다.

책 모임 엄마들은 '우리 아이가 최고야.'라는 믿음이 있습니다. 상위 1% 영재인 아이도 아니고, 수학 경시 대회에서 1등 한 아이도 아닙니다. 누가 보더라도 지극히 평범한 아이들이죠. 하지만 엄마에게 내 아이는 최고입니다. 따뜻한 마음을 가진 아이, 단단한 내면을 가진 아이, 자기 삶을 스스로 멋지게 살아갈 아이라는 걸 믿습니다. 누구와 견주어도 바꾸고 싶지 않은 최고의 선물이지요.

마음의 여유가 있어야 책을 읽습니다. 아이들도 그렇습니다. 마음이 불안하고 매사 부정적이면 책이 손에 잡힐까요? 그렇지 않습니다. 자기에 대한 확신이 있는 아이가 독서도 할 수 있어요. 자존감이 바탕이 되어야 책에서 인생의 길을 탐색하는 것도 가능합니다. 자존감과 책은 서로 선순환되며 어쩌면 엄마의 믿음 이상 차원 높은 아이로 성장하게 만들지도 모르겠습니다.

아이의 꿈
응원하기

✦ 아이를 관찰하고 지지하기

책 모임 시간에 아이들의 꿈에 관한 얘기가 나왔습니다. 하루에도 수십 번씩 바뀌는 초등학생들의 꿈이 궁금했어요. 만화가, 컴퓨터 프로그래머, 축구선수, 자동차연구원 등 아이들의 꿈은 가지각색이었습니다. 아이들의 개성, 재능만큼이나 포부가 남다른 꿈이었습니다.

"축구선수가 꿈이라는데, 도통 축구 연습은 하지를 않네요. 하하."

"맨날 만화 그리고, 애니메이션 만드는 게 일상이에요."

"지난주에도 자동차 관련 영상만 보더라고요. 그렇게 재밌나 봐요."

"코딩이 잘 안되는지 도서관에서 코딩 책을 빌려왔어요."

아이들의 꿈에 관한 책 모임 엄마들의 멘트입니다. 눈치채셨나요? 책 모임 엄마들은 아이들의 꿈을 응원합니다. 언제 바뀔지 모를 꿈이지만요. 꿈은 지금 아이들의 관심사를 나타내는 지표라고 여깁니다. 가슴 떨리는 꿈이 있다는 것만으로도 아이들이 기특하고 예쁩니다.

고등학생이 되어 입시를 준비할 때 보면 아직 진로를 정하지 못한 아이들을 봅니다. 자기가 좋아하고 잘하는 게 뭔지 모른다고 해요. 열정을 가지고 무슨 일을 해야 할지, 혹은 인생 될 대로 되라지라는 심정으로 자기 진로에 무관심한 아이도 있습니다. 엄마가 아이의 적성과 상관없이 꿈을 강요하는 사례도 심심치 않게 봅니다.

어른이 되고 보니 자기가 하고 싶은 일을 하고 산다는 게 얼마나 행복한지 깨달았습니다. 엄마의 못다 이룬 꿈이 아이의 직업이 될 수 없다는 것도 알고 있습니다. 얼마나 위험천만한 일인가요? 자기 인생을 엄마 대신으로 산다는 것만큼 불행한 일이 있을까요?

부모는 아이들의 진로에 지대한 영향을 미치는 사람입니다. 학교 선생님도, 진로 선생님도 아닌 부모의 조언에 따라 아이는 자기의 꿈을 결정하는 데 해답을 찾습니다. 부모가 진로에 관한 정보를 주고 대화를 나누는 건 좋지만 늘 결정권은 아이에게 있어야 해요.

아이의 행복한 삶을 기대하며 응원해주는 게 최고의 진로지도입니다.

부모가 바라는 직업을 유도하느니 꿈이 없는 편이 낫습니다. 부모가 정해준 전공으로 대학에 들어가 온전하게 졸업하고 부모가 바라는 직업을 가지는 경우는 매우 드물기 때문이에요. 아이 진로에 관한 대화는 아이가 충분히 '나는 무엇을 좋아하고, 무엇을 잘하지?'에 대한 고민이 있어야 합니다.

꿈은 억지로 만들어지지 않지요. "넌 잘하는 것도 없어? 좋아하는 것도 없고? 앞으로 뭐가 될래?"라며 구박한들 꿈이 생기지 않습니다. 초등이기에 아직 뚜렷한 진로가 없어도 됩니다. 아이가 몰입하는 활동에 관심을 기울이세요. 시간 가는 줄 모르고 히죽대며 즐기는 놀이가 아이의 꿈이 될 수 있습니다.

섣불리 아이의 꿈을 평가하지 마세요. "축구선수 된다더니, 그렇게 연습도 안 해서 축구선수 될 수 있겠니?"라는 말은 아이가 가지고 있는 꿈에 대한 불씨마저 꺼뜨리게 됩니다. 너그러운 마음으로 아이가 꿈을 위해 하는 활동에 대해 응원합니다. 부족한 점이 보여도 아이가 채워나갈 일입니다. 당장 내일 직업을 갖는 게 아니잖아요. 아이들은 스스로 시행착오를 거치며 자기의 적성과 흥미를 찾을 거예요.

꿈이 있다는 건 희망적인 내일을 보장하지요. 저절로 관심 분야를 즐겁게 공부하는 계기가 됩니다. 호기심이 발동해 책을 찾게 됨니다. 책 모임 엄마들은 찬찬히 관찰하고 응원해줄 따름입니다. 그리고 "요즘 뭐가 재밌어?"라며 자주 묻습니다. 직업의 이름보다 이루고 싶은 꿈이 있다는 데 가치를 둡니다.

✦ 진로 경험 확장하기

아이의 꿈을 뒤에서 응원하지만, 책 모임 엄마들이 발로 뛰는 부분이 있습니다. 바로 독서입니다. 아이들은 다양한 경로로 직업을 알게 됩니다. 대중매체, 인터넷, 선생님, 부모님으로부터 알게 되는데요, 초등학생에게 가장 높게 나타나는 비율은 단연 부모님입니다. 부모님의 직업은 물론이고 부모님이 제공하는 환경에 따라 아이들은 여러 직업에 대한 지식이 쌓이지요.

아이가 컴퓨터에 흥미를 보이면 컴퓨터와 관련된 직업을 소개한 책을 보여줍니다. 컴퓨터 프로그래머, 정보 보안 전문가, 컴퓨터 하드웨어 기술자 등 다양한 직업을 알게 합니다. 요즘은 아이들의 눈높이에 맞춘 책들이 도서관에 다양하게 갖추어져 있습니다. 아이의 관심사에 맞게 찾아보면 손쉽게 책을 빌릴 수 있습니다.

직업 소개에 관한 책 이외에 그 분야에서 성공한 인물의 이야기를 담은 책을 보여줍니다. 빌 게이츠, 스티브 잡스, 일론 머스크 등 컴퓨터와 관련된 위인의 일대기를 읽고 있으면 아이는 감동합니다. 위인의 걸어온 길을 따라가고 싶은 마음이 들기도 하지요.

책 모임 엄마들은 아이들에게 관심 분야뿐 아니라 책을 통해 다채로운 직업을 경험하게 합니다. 아이들의 책을 보며 제가 놀라기도 하는데요. 우리가 아는 의사, 변호사, 교사 말고도 4차 산업을 이끌 생소한 직업을 알아가게 됩니다. 급변하는 아이들의 미래에 직업의 세계를 알려주기에 책만큼 좋은 도구가 없습니다.

세종 대왕, 장영실, 이순신 등 한국의 위인에서부터 에이브러햄 링컨, 앤드루 카네기, 스티븐 스필버그까지 동서양을 막론하고 과거 현재를 넘나들며 다양한 인물의 이야기를 보여줍니다. 아이들 책을 보면 오프라 윈프리, 존 레넌, 워런 버핏, BTS처럼 다양한 분야의 인물이 위인으로 소개되어 있어요. 멀게 느껴졌던 인물의 생활상을 보고 아이들은 삶에 대한 공감을 얻고 있습니다.

직업이나 위인의 이야기는 아이들에게 다소 딱딱할 수 있어요. 그래서 학습 만화 형식으로 된 책도 적극적으로 활용합니다. 캐릭터가 나오고 재미를 더해 아이들은 부담 없이 내용을 이해합니다. 위인의 삶을 더 가까이 들여 볼 수 있습니다.

정확한 진로를 찾고 롤모델을 발견하라는 목적은 없습니다. 어떤 교훈을 얻었는지도 자세하게 묻지 않습니다. 아이들에게 간접적으로나마 폭넓은 직업의 세계를 알려주기 위함입니다. 더불어 위인들이 겪은 실수와 성공의 과정을 알기를 바랄 따름입니다. 끊임없는 실패와 도전, 성공을 읽으며 자기 진로 탐색에 한 발짝 다가가길 바랍니다.

튼튼한 가정
만들기

✦ 현명하고 건강한 엄마 되기

저는 화장실을 다녀온 후엔 꼭 전깃불을 끕니다. 제 아이들도 그래요. 습관처럼 화장실을 나올 땐 불을 끄지요. 신기합니다. 작은 습관 하나도 아이들이 따라 하는 걸 보면요. 아이들은 보는 대로 배웁니다. 부모가 아이 삶의 교과서이지요.

아이는 본 대로 자랍니다. 가장 많은 시간을 함께하는 부모를 닮는 건 인간의 본성입니다. 아이들은 부모의 말투, 표정, 행동, 습관을 그대로 따라 합니다. 어느 순간 아이는 거울에 비친 내 모습처럼 닮아있습니다.

굳이 아이가 성인이 되지 않아도 미루어 짐작했을 겁니다. 나의 모습이 내 아이의 모습이 되리라는 것을요. 어찌 보면 양육은 단순합니다. 내 아이가 가졌으면 하는 인품, 습관, 가치관, 지혜를 부모부터 갖추고 있으면 됩니다. 잔소리 한 마디보다 직접 보여주는 게 천만 배 효과적입니다.

사춘기가 절정에 다다른 아이들의 부모님과 상담하면 "제가 쟤를 어떻게 키웠는데요."라며 억울해합니다. 엄마는 아이를 위해 돈과 시간을 희생했어요. 아이의 공부를 위해 고단함도 마다하고 성심껏 키웠습니다. 엄마 뜻대로 달려왔던 아이가 갑자기 학교를 관두고 싶다, 음악을 하고 싶다고 하면 배신감이 듭니다. 차곡차곡 쌓았던 엄마의 수고가 한순간에 와르르 무너지는 심정입니다.

똑똑하고 자기 할 일 잘하는 아이의 부모는 다릅니다. 아이를 믿는 심지가 흔들리지 않습니다. 의연하고 자신감이 있습니다. 아이가 자존감이 높은 만큼 부모의 자존감도 높습니다. 아이가 하고 싶은 일에 최선을 다하는 만큼 부모도 자기 일에 열정적입니다. 아이들이 부모를 존경하는 마음에서 알았습니다. 이 아이들은 닮고 싶은 롤모델이 부모님이라고 어떤 의심도 없이 얘기합니다.

'나보다 잘 살아야 할 텐데.'라는 말보다 '나처럼 살았으면 좋겠다.'가 어울릴 만큼 아이에게 본보기가 되어주세요. 책을 읽는 엄마 밑에 책 읽는 아이는 당연합니다. 꼭 아이 공부를 위해 엄마가 공부하라는 의미가 아닙니다. 하고 싶은 일에 끊임없이 노력하는 멋진 엄마를 보여주자는 겁니다.

책 모임의 엄마들은 그렇게 똑똑 박사는 아닙니다. 책 모임을 한다는 이유로 그저 책을 끼고 살고 있습니다. 틈틈이 책을 읽고 있습니다. 서로 대화를 통해 내가 잊고 있던 꿈을 찾아가는 중이에요. '내가 좋아하는 걸 뭐라도 해보자.'라는 심정으로 목표를 세웁니다. 계획을 짜고 하나씩 실천합니다. 성과가 나온 것도 있지만 그렇지 않은 것도 있어요. 아이는 이 모든 걸 옆에서 지켜보고 있습니다. 자기 삶에 열심히 전진하는 엄마라는 '책'을 보고 생생한 간접 체험을 하고 있어요.

또 하나, 책 모임 엄마들은 튼튼한 몸을 중시합니다. 아이 성장에 튼튼한 몸을 양육의 중심에 둔 것처럼 엄마의 몸을 아낍니다. 자녀의 수면 습관, 식습관을 규칙적으로 잡은 만큼 엄마도 규칙적인 생활을 실천하고 있어요. 엄마가 아프면 아이 양육에도 문제가 생기니까요. 건강한 몸을 유지하려고 애씁니다. 마음의 병도 관리합니다. 양육에서 오는 스트레스를 아이에게 폭발시키지 않으려고 노력해요. 책 모임 수다에서 억울했던 감정을 털어놓으니 한결 가벼운 마음으로 아이를 대하게 되었습니다.

전깃불을 끄고 다니는 아이의 모습을 보며 '내가 습관 하나는 잘 들였네.'라고 자화자찬했습니다. 아이가 내 모습을 그대로 따라 한다니 조금 무시무시한 생각도 들지만, '내가 더 잘해야겠다.' 다짐하게 됩니다. 똑똑하고 튼튼한 엄마를 보며 엄마처럼만 자랐으면 하는 바람입니다. 더 노력해야겠지만요.

평소 자녀교육 영상을 즐겨 봅니다. 그중에서도 자녀를 서울대학교에 보낸 엄마가 나와서 하는 영상에 귀가 솔깃합니다. '어떻게 키워서 아이가 저렇게 똑똑할까?' 궁금증을 품으며 봅니다. 노하우를 알고 싶어요. 수십 명도 더 찾아봤을 거예요. 제가 본 영상 속 서울대학교를 보낸 엄마들은 하나같이 든든한 가정에서 기둥 같은 역할을 하고 있었습니다.

통계적으로 서울대학교를 입학한 아이가 모두 단란한 가정에서 자라지 않았을 거예요. 하지만 제가 교실에서 본 공부 잘하는 아이들의 배경에는 대부분 아이에게 애정을 쏟는 부모가 있었습니다. 엄마와 아빠 사이가 좋지 않고 매일 다투는 소리가 나는 집에서 아이는 마음 편히 책을 펼 수 있을까요? 엄마 마음도 시끄러운데 아이에게 관심을 줄 여력이 없습니다.

사람에겐 여러 욕구가 있지만 자기 계발 욕구는 최상위 위치에 자리 잡고 있습니다. 공부하든, 책을 읽든, 사람은 먼저 먹고살 만해야 합니다. 생리적 욕구가 충족되면 다음 단계로 위험으로부터 안전을 요구하게 됩니다. 안정적이고 편안함을 느껴야 즐길 거리를 찾을 수 있습니다. 독서와 공부는 맨 마지막입니다.

아이에게는 공부를 강제로 시키는 엄마보다 따뜻한 말 한마디를 해주는 엄마가 필요합니다. 밖에서 불미스러운 일로 다툼에 휘말렸어도 내 편이 되어줄 부모가 있어야 합니다. '우리 부모님이 있어서 든든해.'라는 감정을 아이가 자연스럽게 느껴야 합니다. 아이는 집이 가장 편안해야 해요. 아이의 말과 행동이 아이답게 흘러야 합니다.

가정의 분위기는 아이 인성 형성에도 떼려야 뗄 수 없습니다. 간혹 학교에서 성적은 높지만, 예의가 바르지 못한 학생이 있어요. 이런 학생은 점수에만 몰두해 친구도 선생님도 안중에 없습니다. 내신 점수가 들어가는 활동은 친구들을 경쟁의 상대로 삼아 이기적으로 집착하는 모습을 보이거든요. 아이는 잘못이 없습니다. 성적만이 최고라고 아이를 떠받든 부모의 탓이겠지요. 가정에서 단란한 대화가 오갔을지 의문입니다. 예의, 관계보다 성적을 높이 사는 부모가 있었을 거예요.

공부만 하는 로봇 같은 아이가 설령 사회에서 성공하더라도 다른 사람들과 어울려 일할 수 있을까요? 주변의 사람은 이겨야 하는 경쟁자로 여기며 끊임없이 치열하게 살게 될 거예요. 그렇게 바라던 아이의 성공이지만 아이의 이기적인 모습은 부모에게 부메랑으로 돌아올 겁니다. "자식을 자랑거리 삼으려고 키우는 게 무슨 부모야?"라며 드라마 〈스카이 캐슬〉에서 영재가 한 칼날 같은 말처럼 말이에요.

정글 같은 집이 아닌 정이 넘치는 집이어야 해요. 가정은 보금자리여야 합니다. 비싼 차, 번지르르한 집보다 좋은 부모가 있어야 합니다. 화목한 가정에서 자란 아이는 얼굴에서, 표정에서, 말투에서, 행동에서 표가 납니다. 독서, 공부에 접근하는 마음도 공부하는 기계로 자란 아이와는 다릅니다.

평화로운 가정에서 책을 읽는 풍경이 아름답게 그려지지요. 부모와 아이가 함께 책을 읽으며 집에서 하하 호호 웃음소리가 들립니다. 책 모임 엄마들은 그렇게 매일 책육아를 실천하고 있어요. 매일 행복의 사이클을 돌리고 있습니다. 행복한 가정에서 행복한 아이가 자람을 잘 알고 있습니다. 엄마가 아이의 튼튼한 버팀목이 되어 아이를 보살펴 주리라 다짐하지요. 책이라는 놀이터에서 실컷 놀게 하면서 말이에요.

엄마는 아이의
북 큐레이터

책육아의 성공 여부는 엄마에게 달려있습니다. 아이에게 최고로 물려줄 유산이 책이라고 결심했다면 북 큐레이터를 자청하고 독서지도사가 되어주세요. 아이의 전문가는 엄마입니다. 내 아이에게 꼭 맞는 독서 습관을 아이에게 물려주세요.

Q1. 직장맘인데 책육아를 하고 싶어요. 어떻게 시작할까요?

'열심히 하겠다.' 보다 '할 만큼 꾸준히 하겠다.'라고 마음을 다지세요. 시간에 대한 욕심을 버리고 매일 독서 습관을 잡으면 충분히 할 수 있습니다. 매일 10분, 15분도 좋으니 아이와 함께 책을 읽으세요. 잠자기 전 독서도 좋습니다.

직장맘인 저는 아이가 등교 전에 영어책을, 잠자리 들기 전에 한글책을 읽힙니다. 영어책을 읽을 때는 아이가 혼자 읽지만, 한글

책 읽는 시간엔 저도 아이와 함께 독서 합니다. 습관을 들이는 처음이 어렵지, 루틴을 잡으면 저절로 흘러갑니다.

Q2. 독박육아에 아이가 여럿입니다. 골고루 책 읽어주기가 힘들어요.

연년생이면 한 번에 독서 습관을 잡으면 좋은데, 나이 차이가 나면 습관 잡기가 곤란하지요. 어린 동생에게 더 신경이 쓰이고 언니, 오빠는 뒷전인 경우를 종종 봅니다. 제 경험담이기도 합니다. 저는 아이들의 취침 시간에 시간 차이를 두었습니다. 작은아이는 큰아이와 4살 터울인데요. 큰아이는 10시 취침, 작은아이는 9시 취침이에요. 잠자기 전 작은아이와 독서하고 작은아이를 재운 후 큰 아이와 독서 시간을 갖습니다. 아이 각자마다 엄마와의 오붓한 책 읽기 시간을 가져서 아이들은 각각 만족합니다. 적절히 시간을 살펴 아이마다 엄마와 둘만의 시간을 가져보세요.

Q3. 책 구매는 어느 정도 해야 하나요?

책 모임 엄마들은 책을 거의 사지 않습니다. 도서관을 미안하리만치 줄기차게 이용하지요. 그래도 아이가 꼭 원하는 책이나 소장 가치가 있는 책에는 돈을 씁니다. 특히 서점에 놀러 가서 아이가 사달라고 하는 책은 구매합니다. 소장한 책과 빌린 책은 다른 의미가 있으니까요. 소장한 책은 아이들이 애틋함을 갖고 있습니다. 구매의 기준은 엄마의 쇼핑 욕심 보다 아이의 구매 욕구여야 합니다. 아이가 가지고 싶은 책, 오래 두고 볼 수 있는 책은 쿨하게 사주세요. 전집은 추천하지 않습니다.

Q4. 아이에게 줄 책을 고를 때 노하우가 있나요?

세 가지 꿀팁을 알려드릴게요.

첫째, '네이버 책book.naver.com'을 활용하세요. 네이버 책에서 어린이, 초등1~2학년을 검색하면 TOP 100, 신간 도서, 추천 도서, 스테디셀러 영역이 보입니다. 저는 스테디셀러부터 공략합니다. 오랫동안 인기 있는 책이라 학교에서 추천하거나 학년 필독서인 경우가 많아요. 그다음은 TOP100에서 고르고, 추천 도서는 다음으로 읽힙니다.

둘째, 온라인 서점을 활용하세요. 온라인 서점도 네이버 책과 비슷한데요. 베스트셀러를 눈여겨보세요. 네이버 책보다 따끈따끈하게 나온 신간 인기 책을 확인할 수 있습니다. 1~2학년 창작 동화, 베스트 순위를 검색하면 가장 많이 팔린 책들이 보입니다. 많은 아이에게 인기가 있는 만큼 내 아이가 마음에 들어 할 확률도 높아요.

√ 예스24 : www.yes24.com

√ 교보문고 : www.kyobobook.co.kr

√ 알라딘 : www.aladin.co.kr

√ 인터파크 도서 : book.interpark.com

셋째, 책을 이용합니다. 책 모임 엄마들은 집에 바이블처럼 잠수네 교육법과 관련한 자녀교육서를 구비하고 있습니다. 학년별로 나누어져 있는 시리즈입니다. 예를 들어『잠수네 초등 3, 4학년 공부법』에는 국어 교과서 수록 도서, 국내 창작 베스트, 외국 창작 베스트가 상세하게 소개되어 있습니다. 한글책뿐 아니라 영어 원서, 사회 연계 도서, 과학 연계 도서 등 엄마들이 궁금해하는 도서 정보가 보기 좋게 정리되어 있어요. 학년별로 갖고 있으면 아이 도서 선정에 분명 도움이 되실 거예요.

이 외에 책을 읽다 보면 아이가 좋아하는 저자가 생깁니다. 그 저자의 다른 책들을 접하게 해주세요. 학교에서 제공하는 필독서, 도서관에서 추천하는 도서도 참고하면 좋습니다.

Q5. 책육아에도 슬럼프가 있나요?

습관처럼 하는 책육아도 슬럼프가 오기 마련입니다. 아무리 유명한 베스트셀러라고 해도 아이가 책장을 힘겹게 넘길 수 있습니다. 책을 읽으며 고개를 내젓거나 꾸벅꾸벅 졸기도 합니다. 조금 심하다면 쿵쿵대는 소리를 반복해서 내거나, 눈을 자주 깜빡이는 증상이 나타날 수도 있어요. 이런 경우 독서가 아닌 다른 환경적인 문제는 없는지 꼭 살피세요. 아이가 스트레스받는 일은 없는지 관찰하세요. 또는 지금 읽고 있는 책이 아이의 취향이나 난이도가 맞는지 확인하세요.

책 읽기를 너무 힘들어한다면 잠시 쉬어도 좋습니다. 아니면, 배꼽 빠지도록 웃긴 책을 권해주세요. 만화책도 환영입니다. 머리 쓰지 않고 즐겁게 읽을 수 있는 책을 보게 하세요. 글밥을 확 낮추어도 좋습니다. 무리하게 이끌고 가지 마세요. 앞으로 책 읽을 날은 무궁무진하니까요.

Q6. 책육아 의지를 다지는 방법은 없을까요?

아이 독서 습관은 엄마의 의지에 달려있다고 해도 과언이 아닙니다. 하지만 다이어트를 매일 결심하듯 의지가 한결같지는 않습니다. 저도 느꼈기에 책 모임이라는 테두리 안에 저를 밀어 넣었습니다. 그리고 한 가지 책 모임 엄마들이 하는 필수 활동이 있는데요. 바로 기록입니다. 아이가 매일 어떤 책을 읽었는지 간단하게라도 기록합니다. SNS를 활용하거나 공책에 적습니다. 처음엔 엄마가 적다가 지금은 아이가 기록하고 있어요. 의지만 꺾이지 않고 꾸준히 한다면 아이 독서는 일상이 됩니다. 아이 삶이 풍요롭게 될 평생 습관을 들이기에 엄마가 조금만 애써주세요.

Q7. 그래도 꺾이는 의지, 어떻게 잡아야 할까요?

저는 책육아, 나아가 육아를 열심히 한 저에게 주기적으로 보상합니다. 우리 엄마들, 얼마나 고생하고 있나요? 아이 뒷바라지에 나는 뒷전이었습니다. 도서관 뛰어다니랴, 이곳저곳 학원 상담하랴, 학교 전화 받으랴 쉴 틈이 없습니다. 아이가 읽기 독립을 한 날, 100권 읽기를 달성한 날, 200쪽 책을 거뜬히 읽은 날에 아이에게만 칭찬 말고 자신에게도 '수고했다.'라고 말해주세요. 물질적인 선물도 환영입니다. 우리는 그럴 만한 자격을 마땅히 갖췄으니까요. 이 책을 읽고 있는 엄마들, 이미 잘하고 있습니다. 자신에게 듬뿍 칭찬해주세요.

Q8. 책육아에서 가장 중요한 사항 하나만 꼽아주세요.

책육아는 육아의 연장선이라는 걸 잊지 마세요. 똑똑한 아이, 공부 잘하는 아이로 키우겠다고 책육아를 시작했더라도, 이는 부모와의 안정적인 관계 위에 가능한 일입니다. 아이는 수백 페이지에 달하는 책을 읽는 것보다 엄마, 아빠라는 위인전, 가족이라는 책을 유의미하게 정독하고 있습니다. 책육아의 확실한 효과는 가족과의 애정 어린 관계에서부터 출발합니다.

책 읽기보다
더 중요한 공부는 없습니다

  돌아보면 무모하리만치 용감한 시도였습니다. 혼자서는 엄두 내지 못했던 책을 함께 읽자고 엄마들에게 권유하며 책 모임을 만들었으니까요. 그것도 사회적 거리두기가 강력했던 팬데믹 상황에 말이지요. 호기롭게 모임을 구성했지만, 막상 언제 어떻게 모이고, 책을 읽고 무슨 이야기를 나누어야 할지 막막했습니다. 애꿎은 책만 들여다보며 초조한 마음을 달래던 시간이 떠오르네요. 수험생 때보다 더 열심히 책을 읽지 않았나 싶습니다.

  그런 시간이 쌓이다 보니 어느새 책 모임을 기다리는 저를 발견합니다. 선정 도서는 어떻게든 완독하고, 토론하고 싶은 이야기를 정리하며 2주를 보냅니다. 책을 읽고 생각을 공유하는 일이 얼마나 보람되고 신나는 일인지 엄마 책 모임을 하며 깨달았습니다. 진작 알았더라면 지금보다 훌륭한 사람이 되었으려나요? 하지만 지금도 늦지 않았다고 생각합니다. 평가를 위해서, 입시를 위해서, 취업을 위해서, 성공을 위해서가 아니라 어제보다 나은 사람이 되기 위한 노력은 평생을 해도 모자라니까요.

덕분에 꾸준히 읽는 사람이 되었습니다. 가족과 함께 책을 읽고 대화하는 게 일상이 되었어요. 인상 깊었던 책은 남편에게 슬쩍 들이밀어요. 이전까지 남편은 제가 권한 책을 읽는 경우가 드물었지만, 이제는 제가 뭘 읽는지 궁금해하며 제 책을 살핍니다. 재미있게 읽었다며 말을 건네는 남편에게 슬쩍 웃음이 납니다. 더구나 우리 아이들이 이런 부모의 모습을 어릴 때부터 자연스럽게 보고 자라니 얼마나 다행인지요. 아이들이 책을 통해 단단한 사람으로 자라리라는 소망을 품습니다. 일거양득이 아닐 수 없지요.

책육아는 선택이 아니라 필수입니다. 나의 말, 생각, 행동은 책을 읽고 체화되어 나오는 사유의 부산물 중 하나입니다. 앎의 재미에 빠지게 되는 순간은 직접 경험뿐 아니라 책 읽기에서 비롯되지요. 책은 자아 발견의 길을 안내합니다. 삶의 지혜를 선물하고 사려 깊은 사람이 되게 하지요. 마음의 여유를 느끼게 하고 활기찬 오늘을 선사합니다. 책 읽기보다 더 중요한 공부는 없습니다.

육아가 힘들어 고민하는 순간마다, 책 읽기가 버거워지는 순간마다 그 고비를 넘길 수 있도록 힘이 되어준 책 모임 엄마들에게 감사의 인사를 전합니다. '함께'의 힘으로 여기까지 올 수 있었습니다. 끝까지 읽고 공감해주신 여러분께도 깊은 감사를 드립니다. 책 읽는 엄마, 책 읽는 아이를 자처하며 하루하루 성장하길 희망합니다.

참고문헌

강원임, 『엄마의 책모임』, 2019

구본권, 『공부의 미래』, 한겨레출판사, 2019

김미경, 『김미경의 리부트』, 웅진지식하우스, 2020

김소영, 『말하기 독서법』, 다산에듀, 2019

김유라 외 6명, 『나의 상처를 아이에게 대물림하지 않으려면』, 한국경제신문, 2021

김윤정, 『EBS 당신의 문해력』, EBS BOOKS, 2021

남낙현, 『우리는 독서 모임에서 읽기, 쓰기, 책쓰기를 합니다』, 더블엔, 2018

루리, 『긴긴밤』, 문학동네, 2021

리사 손, 『메타인지 학습법』, 21세기북스, 2019

리사 손, 『임포스터』, 21세기북스, 2022

문지애, 『고개를 끄덕이는 것만으로도 위로가 되니까』, 한빛라이프, 2021

박노성 외 1명, 『대치동 초등독서법』, 일상과이상, 2021

샤론코치, 『초등 엄마 관계 특강』, 물주는아이, 2020

새벽달, 『아이 마음을 읽는 단어』, 청림Life, 2019

서안정, 『결과가 증명하는 20년 책육아의 기적』, 한국경제신문, 2020

손경아, 『단지 함께 읽었을 뿐인데』, 지식과감성, 2021

신재호 외, 『모든 것은 독서모임에서 시작되었다』, 하나의책, 2021

원하나, 『독서 모임 꾸리는 법』, 유유, 2019

유순덕 외, 『대치동에 가면 니 새끼가 뭐라도 될 줄 알았지?』, 이화북스, 2021

이기주, 『말의 품격』, 황소북스, 2017

이은경, 『초등 매일 독서의 힘』, 한빛라이프, 2022

이진영 외, 『모두의 독서모임』, 하나의책, 2019

전은주, 『웰컴 투 그림책 육아』, 북하우스, 2015

지윤주, 『나의 첫 독서토론모임』, 밥북, 2017

최승필, 『공부머리 독서법』, 책구루, 2018

최희수, 『푸름아빠 거울육아』, 한국경제신문, 2020

레몬심리, 『기분이 태도가 되지 않게』, 박영란 옮김, 갤리온, 2020

모드 쥘리앵, 『완벽한 아이』, 윤진 옮김, 복복서가, 2020

매트 헤이그, 『미드나잇 라이브러리』, 노진선 옮김, 인플루엔셜, 2021

수전 짐머만, 크리스 허친스, 『하루 15분 초등 책 읽기의 기적』, 서현정 옮김, 더블북, 2021

조던 B. 피터슨, 『12가지 인생의 법칙』, 강주헌 옮김, 메이븐, 2018

짐 트렐리즈, 『하루 15분 책 읽어주기의 힘』, 눈사람 옮김, 북라인, 2018

Herbert P.Ginsburg, 『피아제의 인지발달이론』, 김정민 옮김, 학지사, 2006

'대학별로 다른 자율 문항...서울대, 독서 활동 경험 필수', 에듀진, 2021.07.16.

[인터뷰] 통합수능 첫 만점 김선우씨…"6시간씩 자고 예외 없이 루틴 관리", 뉴시스, 2021.12.10.

네이버 어학사전, 발제, https://ko.dict.naver.com/#/entry/koko/44228fb9951b4b048279bce0ea226c35

네이버 어학사전, 스몸비, https://terms.naver.com/entry.naver?docId=3343292&cid=42107&categoryId=42107

책 읽기보다 더 중요한 공부는 없습니다

초판 1쇄 인쇄 2022년 7월 25일
초판 1쇄 발행 2022년 8월 3일

지은이 박은선·정지영
펴낸이 하인숙

기획총괄 김현종
책임편집 박지예
디자인 섬세한 곰

펴낸곳 ㈜더블북코리아
출판등록 2009년 4월 13일 제2009-000020호
주소 서울시 양천구 목동서로 77 현대월드타워 1713호
전화 02-2061-0765   **팩스** 02-2061-0766
블로그 https://blog.naver.com/doublebook
인스타그램 @doublebook_pub
포스트 post.naver.com/doublebook
페이스북 www.facebook.com/doublebook1
이메일 doublebook@naver.com